VERSUCHSANSTALT FÜR KRAFTFAHRZEUGE
DER TECHNISCHEN HOCHSCHULE ZU BERLIN

SCHNELLASTWAGEN MIT RIESENLUFTREIFEN

VERSUCHSERGEBNISSE AM
2 TONNEN=SCHNELLASTWAGEN
DER
DAAG
DEUTSCHE LASTAUTOMOBILFABRIK A. G.
DÜSSELDORF=RATINGEN
MIT
RIESENLUFTREIFEN
DER CONTINENTAL CAOUTCHOUC= UND
GUTTAPERCHA=COMPAGNIE, HANNOVER

VON
PROF. DR.=ING. GABRIEL BECKER

MIT 40 ABBILDUNGEN

MÜNCHEN UND BERLIN
VERLAG VON R. OLDENBOURG
1923

Inhalt.

Bild 1.

Daag-Lastwagen

auf dem Wagenprüfstande der Versuchsanstalt für Kraftfahrzeuge an der Technischen Hochschule, Berlin.

Vorbemerkung.

Die eingehende Untersuchung eines 2-t-Schnellastwagens der Firma Deutsche Lastautomobilfabrik A.-G. „Daag" in Düsseldorf-Ratingen in der Versuchsanstalt für Kraftfahrzeuge an der Technischen Hochschule zu Berlin hat zu sehr bemerkenswerten Ergebnissen geführt, über welche im nachfolgenden berichtet wird. Der neue Daag-Schnellastwagen verkörpert die großen Erfahrungen, welche die Firma Daag in 12jähriger ausschließlicher Betätigung im Bau von Lastkraftwagen von 1½ bis 5 t Nutzlast für verschiedenste Verwendungszwecke gesammelt hat. Vor der Durchbildung des neuen Schnellastwagens ließ die Firma Daag ihren 3-t und 4- bis 5-t-Lastwagen in der Versuchsanstalt für Kraftfahrzeuge der Technischen Hochschule Berlin vom Verfasser vollständig untersuchen und im Zusammenhang damit einer scharfen praktischen Betriebserprobung unterziehen. Die Ergebnisse dieser beiden Wagenuntersuchungen wurden bei dem Schnellastwagen verwertet und gaben eine sichere Grundlage für seine Durchbildung.

Die großen und mannigfaltigen Transportaufgaben, welche im gegenwärtigen Verkehr dem Lastkraftwagen zufallen, bedingen eine Steigerung der Transportgeschwindigkeiten. Damit steht der Lastkraftwagenbau vor einer neuen Entwicklungsrichtung. Die Lastkraftwagen sind bisher nicht für Schnelltransport durchgebildet worden. Man begnügte sich in seiner ersten Entwicklungszeit mit sehr mäßigen Fahrgeschwindigkeiten und legte das Hauptgewicht auf die Beförderung großer Mengen, und zwar ganzer oder halber Ladegewichte der Eisenbahnwagen. Der 5-t-Wagen ist lange Zeit führend gewesen und für 16—20 km stündliche Fahrgeschwindigkeit ausgebildet worden. Im Gegensatz hierzu sind die Personenkraftwagen für rasche Beförderung geringer Massen gebaut und entwickelt worden. Zwischen beiden Fahrzeugarten klaffte eine weite Lücke, es fehlte das Fahrzeug für den Schnelltransport. Obwohl das Bedürfnis immer vorhanden war, konnte der Kraftfahrzeugbau einen leistungsfähigen Schnellastwagen nicht schaffen. Die aus den Personenwagen durch Verstärkung der Fahrgestelle entwickelten Lieferungswagen auf der einen Seite, und die leichten Lastkraftwagen auf der anderen Seite sind keine vollwertigen Schnellastwagen. Die ersteren kleben zu sehr an der Eigenart des raschfahrenden, wenig tragfähigen Personenwagens, die letzteren umgekehrt an der Eigenart des langsamfahrenden Lastwagens. Schnellastwagen hingegen müssen große Massen mit hohen Fahrgeschwindigkeiten befördern und deshalb den besonderen Betriebsbedingungen entsprechend nach neuen Gesichtspunkten durchgebildet werden.

Infolge des sinnfälligen Unterschiedes in der Bauart der beiden Fahrzeuggattungen und in ihren Betriebserscheinungen ist die Meinung vorherrschend geworden, daß die beförderte Masse und die Fahrgeschwindigkeit sich gegenseitig beschränken, daß die Zunahme des einen eine Abnahme des anderen bedinge. Dies ist eine alte Erfahrung im Fuhrwerksverkehr, welche auch lange Zeit im Automobilverkehr gemacht wurde und die Wegeunterhaltung vor sehr schwierige Aufgaben von großer volkswirtschaftlicher Bedeutung gestellt hat. D u r c h b e h ö r d l i c h e B e - s c h r ä n k u n g e n d e s G e w i c h t e s d e r F a h r z e u g e u n d d e r F a h r g e s c h w i n d i g k e i t e n s u c h t e m a n d i e S t r a ß e n - b e a n s p r u c h u n g z u m i l d e r n u n d d i e G r ö ß e d e r S t r a ß e n - a b n u t z u n g w i r d v i e l f a c h a l s e i n e F u n k t i o n d e r B e w e - g u n g s e n e r g i e b z w. d e r l e b e n d e n K r a f t d e r F a h r z e u g e a n g e s e h e n. D i e K l a r s t e l l u n g d e r W e c h s e l k r ä f t e z w i s c h e n F a h r z e u g u n d F a h r b a h n e n t z i e h t d i e s e n A n - s c h a u u n g e n d e n B o d e n u n d b r i n g t d e n N a c h w e i s, d a ß d i e S t r a ß e n b e a n s p r u c h u n g n i c h t v o n d e m F a h r z e u g - g e w i c h t u n d d e r F a h r g e s c h w i n d i g k e i t, s o n d e r n v o n d e r B a u a r t d e r F a h r z e u g e e n t s c h e i d e n d a b h ä n g i g i s t. Die Fortschritte im Kraftfahrzeugbau und in innigem Zusammenhang damit die Vervollkommnung der Bereifung und der Massenabfederung geben einen sehr günstigen Ausblick für die Möglichkeit des Schnelltransportes auf Straßen unter gleichzeitiger Schonung der Fahrbahn, für den Ausgleich der Interessengegensätze zwischen Kraftverkehr und Wegeunterhaltung.

Durch eingehende Untersuchung des Daag-Schnellastwagens war daher von vornherein die Klärung wichtiger und aktueller verkehrstechnischer Fragen zu erwarten.

Bauart des Daag-Schnellastwagens.

Die allgemeine Bauart des Daagwagens ist aus den Bildern 2 und 3 er- sichtlich. Besondere Merkmale des Daag-Schnellastwagens sind:

1. Weitgehende Anwendung von L e i c h t m e t a l l e n. Das Motor- gehäuse, die Motorzylinder, die Kolben, der Getriebekasten, der Kupplungs- teller, das Differentialgehäuse der Hinterachsbrücke und selbst die Vorder- räder und Hinterräder sind aus Leichtmetall (Silicium-Aluminium) hergestellt.

2. Verwendung von R i e s e n l u f t r e i f e n für die Federung der Rad- und Achsmassen.

3. Lagerung aller umlaufenden Teile auf K u g e l l a g e r n oder R o l l e n l a g e r n zur Verminderung der Triebwerksverluste und Erhöhung der Betriebswirtschaftlichkeit.

4. Verwendung eines Motors von hoher Leistungsfähigkeit und Wirt- schaftlichkeit.

5. Hilfseinrichtungen zur Erleichterung des Fahrbetriebes, elektrische Anlaßvorrichtung, elektrische Beleuchtung durch Lichtdynamo, ausrückbare Luftpumpe für die Bereifung, Motorbremse, doppelte Hinterradbremsen.

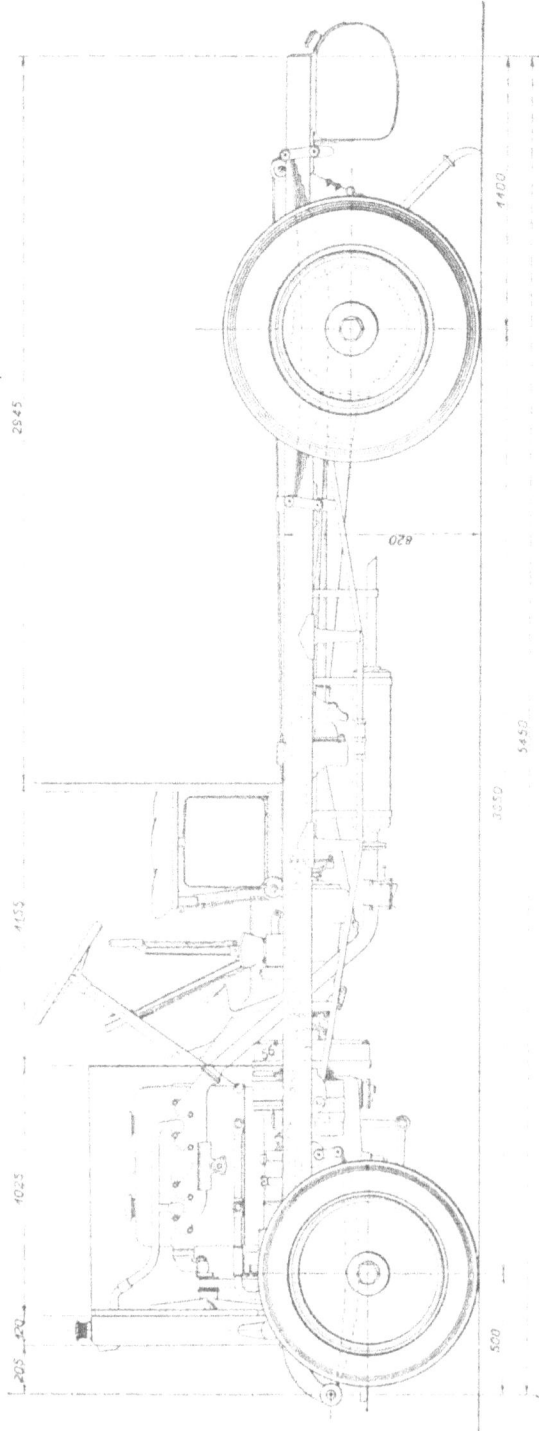

Bild 2.

Seitenansicht des 60-PS-2-t-Daag-Schnellastwagens.

Gewicht des Fahrgestells 1960 kg, des leeren Wagens mit vollständiger Fahrtausrüstung 3155 kg.

Bild 3.

Grundriß des 60-PS-2-t-Daag-Schnellastwagens mit Riesenluftreifen.

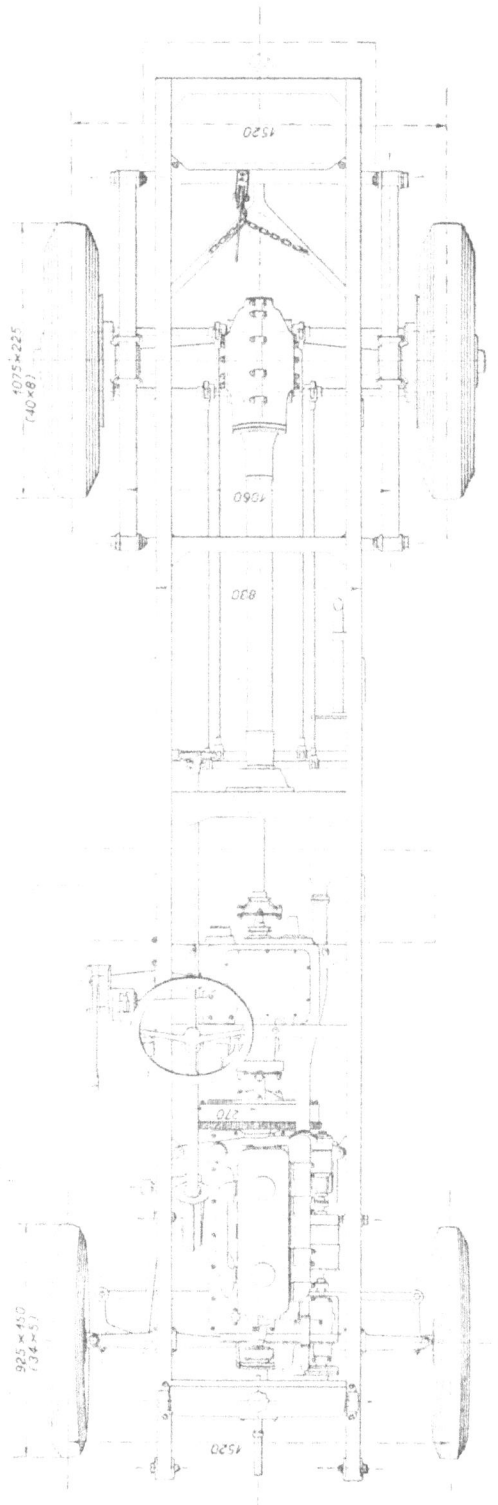

Bild 4.

60-PS-Daagmotor,

Vergaserseite.

Die Bauart des M o t o r s ist aus den Bildern 4 bis 7 ersichtlich. Die vier Zylinder sind im Block und aus einem Stück mit dem Oberteil des Kurbelgehäuses hergestellt. Die Arbeitszylinder sind als dünnwandige Stahlbüchsen in die Leichtmetallzylinder eingesetzt. Das Kühlwasser bespült die Stahlzylinder unmittelbar. Besondere Stopfbüchsen am unteren Ende der Stahlzylinder dichten den Kühlwasserraum ab. Das obere Ende der Stahlzylinder bildet den Verdichtungsraum. Die Ventile sind hängend im abnehmbaren Zylinderkopf angeordnet, der Ventilantrieb erfolgt durch Schwinghebel und Stoßstangen von der im Kurbelgehäuse gelagerten Steuerwelle. Das Steuerungsdiagramm ist im Bild 8 wiedergegeben. Die Kurbelwelle ist dreifach auf Rollenlagern gelagert. Die Leichtmetallkolben sind aus Aluminiumlegierung hergestellt. Die Schubstangenlager können durch seitliche Öffnungen im Kurbelgehäuse ein- und ausgebaut werden. Der Schubstangenfuß ist in seinen Abmessungen kleiner als der Zylinderdurchmesser gehalten. Kolben und Schubstangen lassen sich daher nach Abnahme des Zylinderkopfes und Lösen der Schubstangenlager aus den Zylindern nach

Bild 5.

60-PS-Daagmotor,

Auspuffseite.

oben herausziehen, ohne daß das Kurbelgehäuse auseinander genommen werden muß.

Die Kurbellager schöpfen das Schmieröl aus schmalen Querrinnen, welche durch eine Ölpumpe dauernd mit Öl gefüllt werden. Magnetapparat, Lichtmaschine und Anlaßmotor sind leicht zugänglich auf einer Motorseite angeordnet (Bild 5). Die Steuerwelle ist achsial verschiebbar und trägt Nebennocken sowohl für den Betrieb der Motorbremse als auch für die Verminderung des Verdichtungsenddruckes. Die Motordrehzahl wird durch einen auf ein Drosselorgan wirkenden Regulator automatisch begrenzt.

Die Kupplung ist als Innenkonuskupplung mit Leder- oder Asbestfutter ausgeführt. Der Kupplungssteller ist aus Aluminium hergestellt, um die umlaufenden Massen der Kupplung klein zu halten und den Gangwechsel zu erleichtern.

Bild 6.

60-PS-Daagmotor.

Längsschnitte durch vordere Kurbelwellenlagerung, vordere Aufhängung, Regulator,
Wasserpumpe und Ventilator.

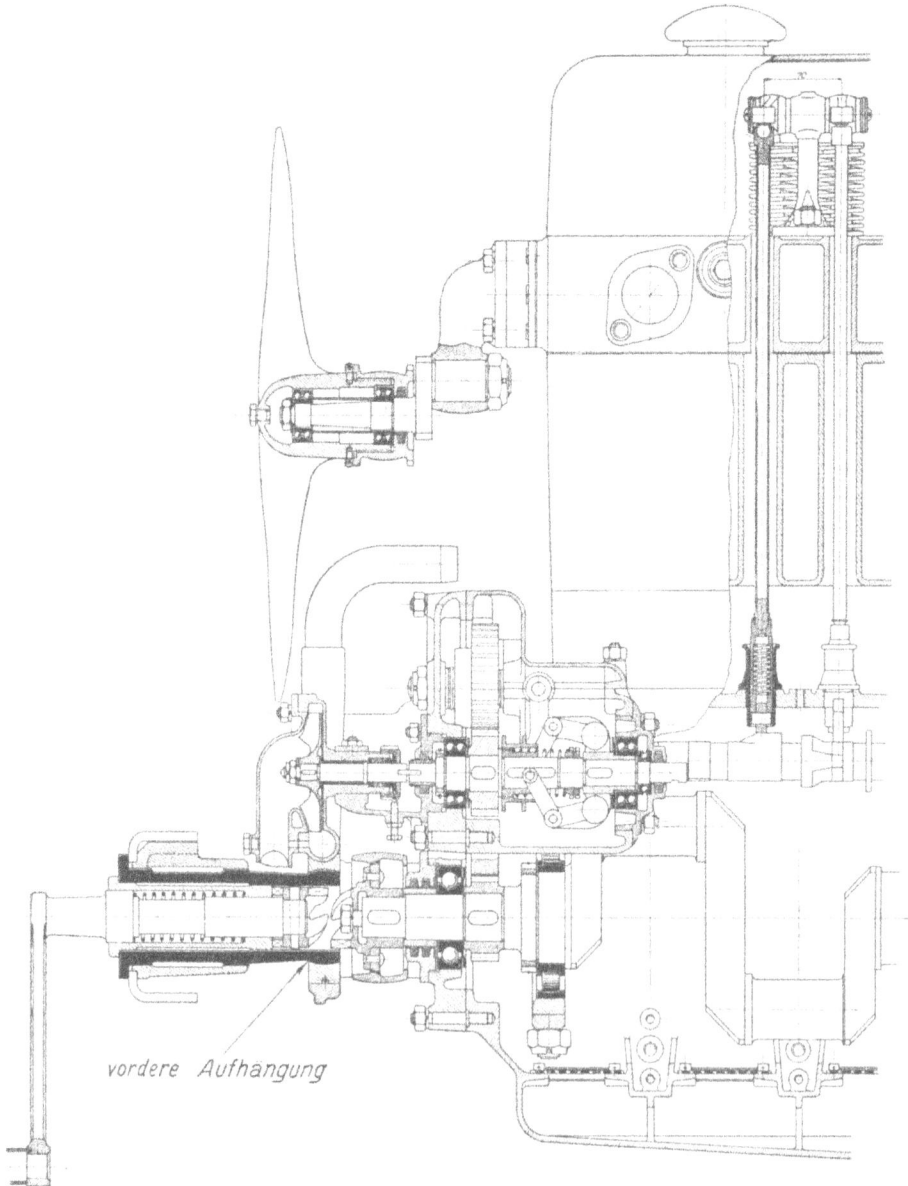

vordere Aufhangung

Bild 7.

60-PS-Daagmotor.

Längsschnitte durch hintere Kurbelwellenlagerung, Schwungrad,
Kupplung, Zylinder, Kolben und Steuerwelle.

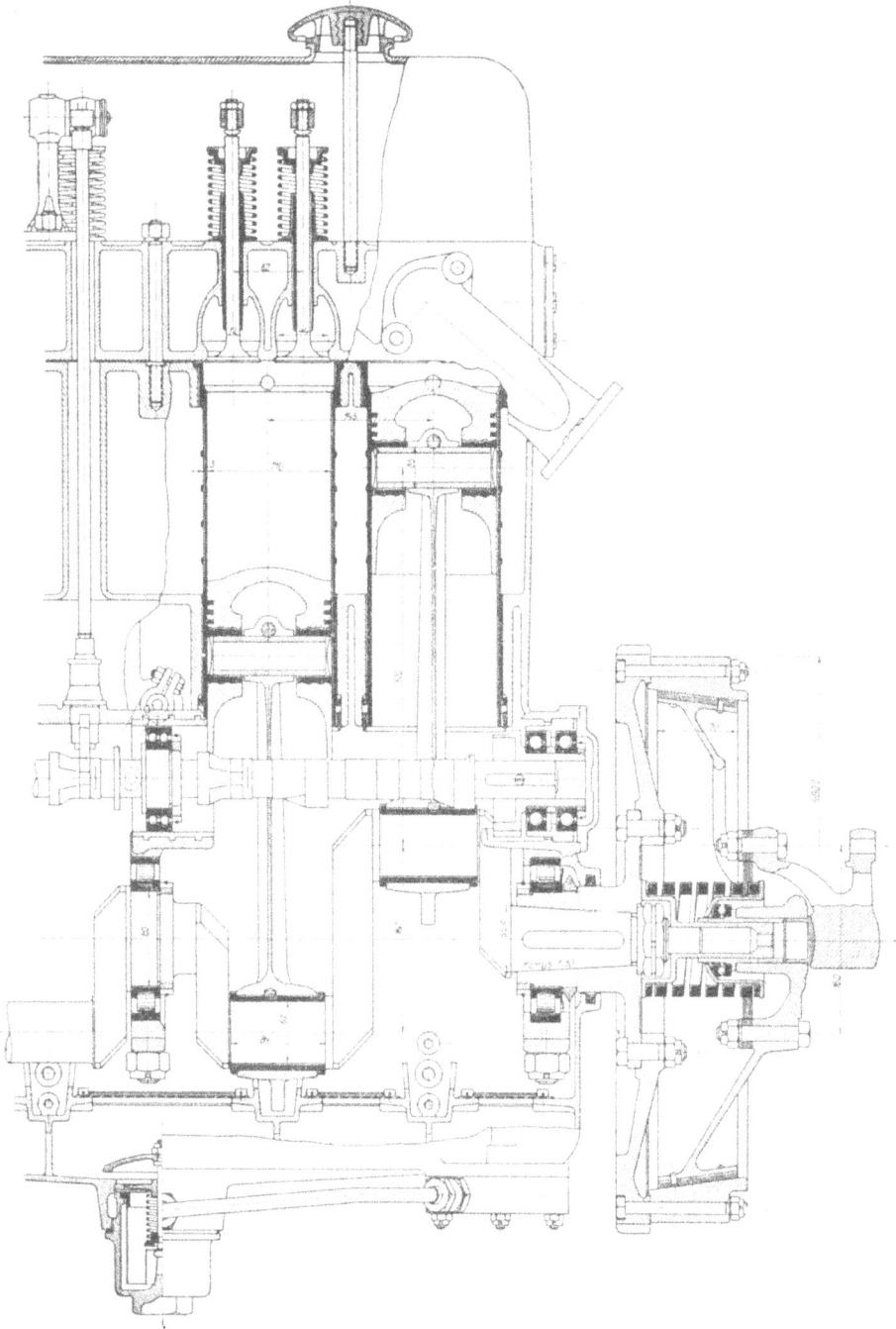

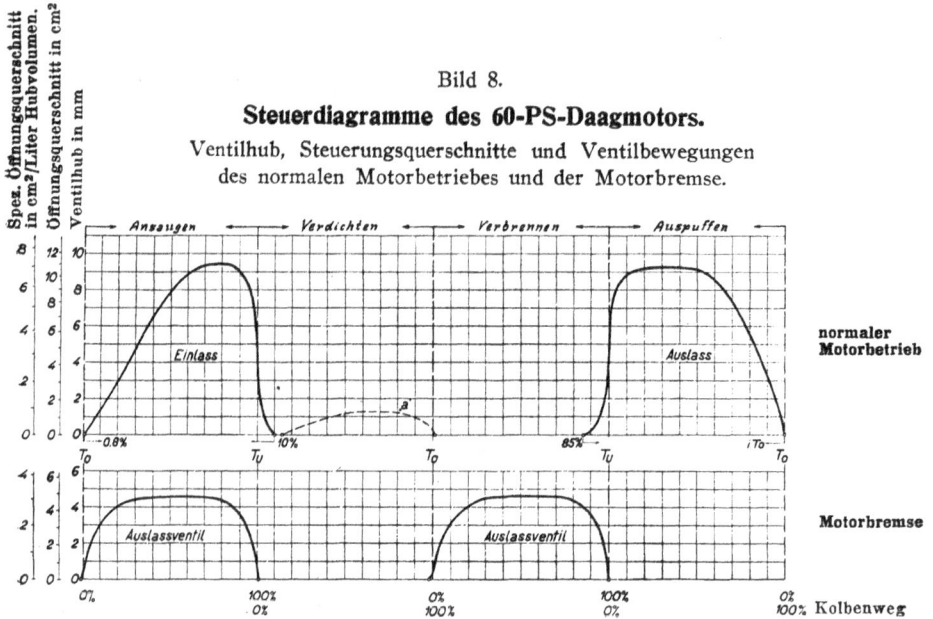

Bild 8.

Steuerdiagramme des 60-PS-Daagmotors.

Ventilhub, Steuerungsquerschnitte und Ventilbewegungen
des normalen Motorbetriebes und der Motorbremse.

Kurve „a" = Hilfssteuerung des Auslaßventils für Verdichtungsverminderung beim Andrehen.

Das Wechselgetriebe (Bild 10) hat 4 Vorwärtsgänge (4. Gang mit
direktem Eingriff) und 1 Rückwärtsgang. Der Schaltbock ist freitragend auf
das Getriebegehäuse aufgesetzt (Bild 3), um Zwängungen des Schalthebels
bei Formänderungen des Fahrgestells zu verhüten und leichtes Schalten zu
ermöglichen. An der Vorgelegewelle des Wechselgetriebes sind zwei Hilfs-
antriebe für besondere Zwecke vorgesehen.

Der Antrieb der Hinterräder erfolgt durch Gelenkwelle und Kegelrad-
trieb mit Spiralzähnen. Der Gelenkkopf ist vom Wechselgetriebe losgelöst,
mit der Getriebewelle durch nachgiebige Stahlscheiben verbunden und an
einer besonderen Querstrebe des Rahmens befestigt. Diese Strebe trägt zugleich die Kugelpfanne für den Kugelkopf des Stützrohres der Hinterachsbrücke, nimmt die Schubkräfte und Bremskräfte der Hinterachse auf und
überträgt dieselben unmittelbar auf die Rahmenlängsträger. Durch diese
Anordnung ist eine vollkommene Entlastung des Getriebekastens erreicht
und ein sehr widerstandsfähiger Angriffspunkt im Rahmen für die Wagen-
triebkräfte geschaffen.

Die Hinterachse (Bild 9) besteht aus einem Gehäuse als Mittel-
stück und zwei seitlichen Stahlrohren. Das Gehäuse zur Aufnahme des
Hinterachsgetriebes und des Differentials ist aus Silumin hergestellt. Das
Reaktionsmoment der Triebkraft und der Achsschub werden von einem
Stützrohr aus Stahl aufgenommen, welches mit Kugelkopf am Rahmen an-
gelenkt ist.

Die Hinterräder sind als Scheibenräder ausgebildet. Der Radkörper ist hohl und doppelwandig und durch Innenrippen stark versteift, daher sehr widerstandsfähig gegen Querbeanspruchungen. Die Räder laufen auf je zwei Doppelkugellagern, welche auf den Hinterachsrohren sitzen. Die Antriebswellen greifen in genutete Radkappen ein, sind von Biegungskräften ganz entlastet und nur auf Verdrehung beansprucht.

Durch diese Bauart ist ein geringes Gewicht der Hinterachse erreicht worden. Die vollständige Hinterachse des Daag-Wagens mit Hinterachsgetriebe, Laufrädern, Luftreifen, Stützrohr und Gelenkwelle wiegt nur 400 kg.

Zwei normale Stahlgußhinterräder mit zwei Vollgummidoppelreifen 900 × 120 mm wiegen für sich schon 512 kg, die beiden Silumin-Scheibenhinterräder des Daagwagens mit 2 Luftreifen 1075 × 225 mm (40″ × 8″) hingegen nur 255 kg, so daß allein die Triebradgewichte um 257 kg, also um die Hälfte vermindert sind. Diese starke Verminderung der Achsmassen bietet bedeutende Vorteile, sie verbessert die Wagenfederung, schont den Wagen und vor allem auch die Fahrbahn.

Gewichte.
Ein Rad mit Luftreifen 127 kg.
Vollständige Hinterachse mit
Differential, Laufrädern, Luftreifen,
Stützrohr und Gelenkwelle 400 kg.

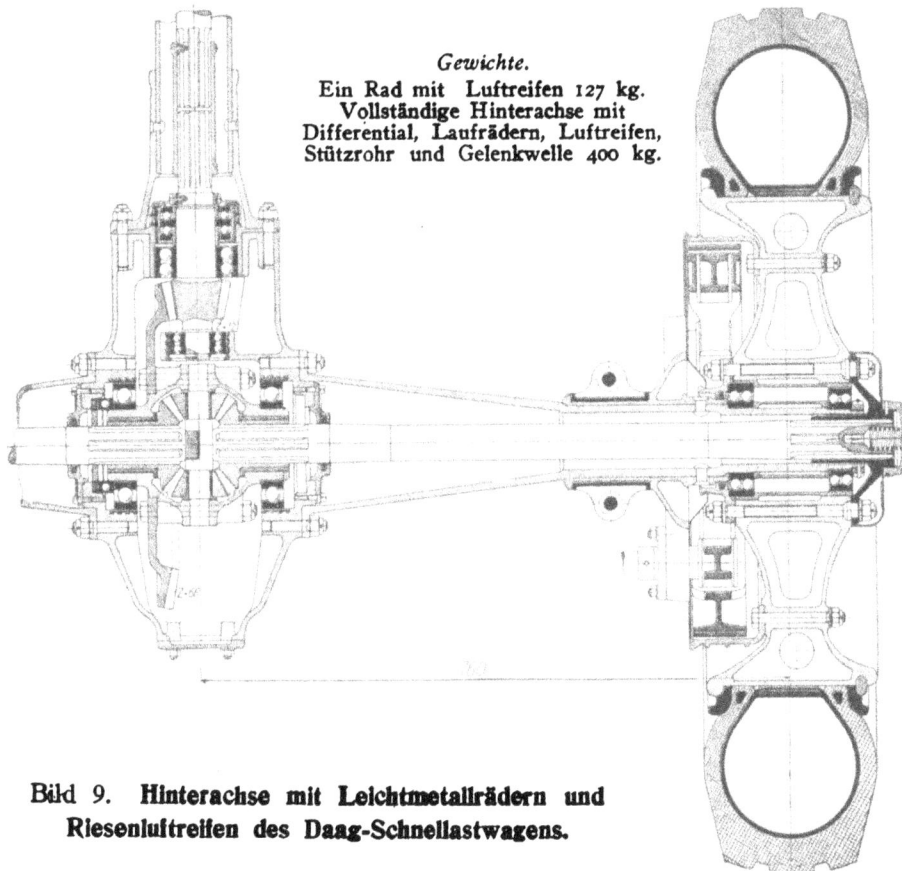

Bild 9. Hinterachse mit Leichtmetallrädern und Riesenluftreifen des Daag-Schnellastwagens.

Bild 10.

Getriebekasten des Daag-Schnellastwagens.

Horizontalschnitt.

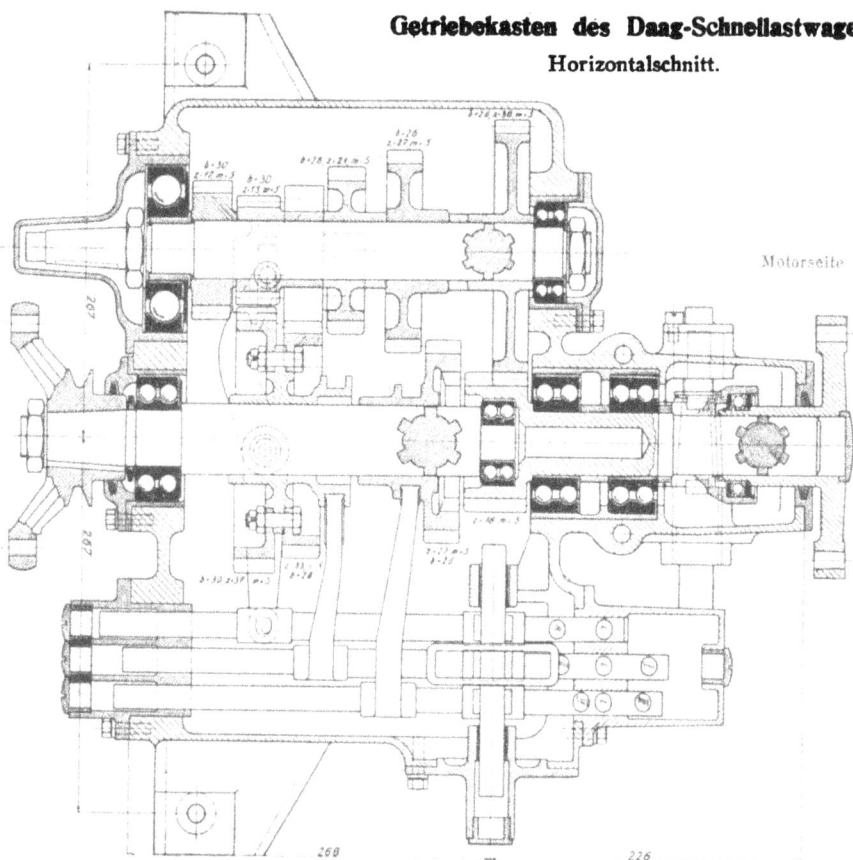

Bild 11.

Hinterrad-Doppelbremse.

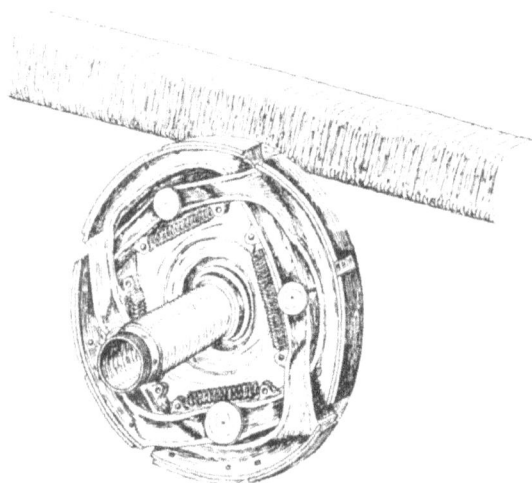

Die V o r d e r r ä d e r sind entsprechend den Hinterrädern als Silumin-Scheibenräder ausgeführt und auf Kugellagern gelagert.

Der R a h m e n ist aus geradlinigen, ungekröpften Stahl-Längsträgern hergestellt, welche für gleiche Querschnittsbeanspruchungen profiliert und durch kräftige Querstreben verbunden sind.

Der Daag-Schnellastwagen hat d r e i B r e m s e n. Handbremse und Fußbremse wirken unabhängig voneinander als Doppelbremsen (Bild 11) auf die Hinterräder. Außerdem ist die Motorbremse vorhanden, welche durch einen kombinierten Gas-Bremshebel auf dem Steuerrad bedient wird. Die Umstellung des Motors auf Bremsbetrieb erfolgt durch Zurückdrehen des Gasdrosselhebels über die Drosselschlußstellung hinaus. Hierdurch wird die Steuerwelle des Motors verschoben, die Einlaßventile bleiben geschlossen, so daß die Luftströmung im Vergaser unterbrochen wird und Brennstoff-verluste während des Bremsbetriebes ausgeschlossen sind. Die Auslaßventile werden durch Hilfsnocken bei jedem Kolbenabwärtsgang geöffnet und steuern Einlaß und Auslaß der Bremsluft. Die Luftverdichtung erfolgt im Zweitakt, auf eine Motorumdrehung kommen also zwei Paar Verdichtungs-hübe. Bild 8 zeigt die Steuerungsdiagramme des Daagmotors bei Betrieb als Motor und als Bremse.

Einzelabmessungen und Gewichte.

Motor.

4 Zylinder, 110 mm Zylinderdurchmesser, 160 mm Hub, Hubvolumen 1520 ccm, Verdichtungsraum 324 ccm.

Verdichtungsgrad: $\dfrac{V_h + V_c}{V_c} = 5,7$

Drehzahlbereich: 370 bis 1400 minutlich, durch Drosselregler begrenzt.

Innerer Ventilsitzdurchmesser: 44 mm, größter Ventilhub 9,4 mm.

Vergaserdurchmesser: 40 mm mit Luftkonus von 28 mm $\varnothing$.

Eisemann-Magnetapparat mit automatischer Zündpunktverstellung. Günstigster Zündzeitpunkt im oberen Drehzahlbereich, 39 Grad Kurbelwinkel vor dem oberen Totpunkt.

Gewicht des Motors mit Schwungrad ohne Kupplung, Ventilator, Licht- und Anlaßmaschine: 375 kg.

Wagen.

Gewicht des Fahrgestells mit vollständiger Maschinenausrüstung 1960 kg.

Gesamtgewicht mit Wagenkasten und vollständiger
Fahrtausrüstung leer . . . . 3155 kg

Aehsdrücke 1354 kg vorn,
„   1801 „ hinten
mit 2230 kg beladen . . . . 5385 kg

Achsdrücke 1395 kg vorn,
„   3990 „ hinten.

Radstand: 3850 mm (oder 4250 mm).

Spurweite: 1520 mm.

Größte Wagenlänge: 5450 mm.

Bereifung Vorderräder:
Continental-Luftreifen: 925×150 mm (34"×5")
Gewicht der Bereifung: 26 kg/Rad.

Triebräder:
Continental-Riesenluftreifen: 1075×225 mm (40"×8").
Gewicht der Bereifung: 58 kg/Rad.

Gewicht eines Silumintriebrades mit Luftreifen: 127 **kg.**

Zu den Vergleichsversuchen mit Vollgummibereifung und normalen
Stahlgußrädern wurden 2 Paar Doppelreifen 930× 120 mm benutzt.

Gewicht eines Stahlgußtriebrades mit Vollgummidoppelreifen: 256 kg.

Übersetzungen

zwischen Motor und Hinterrädern:

 I. Gang (17/37 · 18/36 · 12/66) 1 : 24, Fahrgeschwindigkeit 3—12 km/St.

 II. Gang (21/33 · 18/36 · 12/66) 1 : 17,3 Fahrgeschwindigkeit 4—16 km/St.

III. Gang (27/27 · 18/36 · 12/66) 1 : 11 Fahrgeschwindigkeit 6—26 km/St.

IV. Gang (direkt: 12/66) 1 : 5,5 Fahrgeschwindigkeit 12—51 km/Stunde.

Differentialübersetzung (Hinterachskegeltrieb): 12/66 Zähne 1 : 5,5.

. Die vorstehenden Fahrgeschwindigkeiten gelten für die Motordrehzahlen
300—1400 minutlich.

Versuchsergebnisse.

Alle Hauptversuche sind mit B e n z o l von 0,875 spezifischem Gewicht und 9560 WE/kg unterem Heizwert und mit S c h m i e r ö l Vacuum „Gargoyle Mobil BB" durchgeführt worden. (Nähere Angaben über diese Betriebsstoffe siehe Becker, „Vervollkommnung der Kraftfahrzeugmotoren durch Leichtmetallkolben".) Vergleichsweise sind auch petroleumhaltiges Benzin und schwerere Brennstoffe verwendet worden, um die Brauchbarkeit des Versuchsmotors für diese Brennstoffe festzustellen.

Nach Abschluß der vollständigen Fahrzeuguntersuchung sind auf Veranlassung des Reichsmonopolamtes für Branntwein umfangreiche Untersuchungen mit verschiedensten Brennstoffen (Benzin, Benzol, Spiritus, Aether, Tetralin, Ammoniakzusatz usw.) aufgenommen worden, zu welchen der Daagmotor neben anderen Motoren verwendet wird. Über die Ergebnisse dieser Untersuchungen wird später in einer besonderen Veröffentlichung berichtet werden.

Alle Betriebswerte des Wagens sind am vollbeladenen Fahrzeug (2230 kg Nutzlast) gemessen.

Betriebswerte des Motors.

Die Betriebsdrehzahl des Motors bei 50 km stündlicher Fahrgeschwindigkeit ist 1380 minutlich. Hierbei leistet der Motor, wie Bild 12 zeigt, 60 PS mit Benzol bei wirtschaftlicher Vergasereinstellung. Die niedrigste Drehzahl des Motors mit voller Belastung und einwandfreiem ruhigen Lauf wurde zu 370 Umdrehungen ermittelt. Die Motorleistung steigt auch über die obere Betriebsdrehzahl hinaus noch stark an, der Gipfelpunkt der Leistungskurve liegt bei ungefähr 1900 minutlichen Umdrehungen. Diese Leistungscharakteristik ist fahrtechnisch günstig. Das Beschleunigungsvermögen behält auch im oberen Bereich der Fahrgeschwindigkeit einen hohen Wert, der Wagen kommt daher rasch in volle Fahrt. Bild 12 zeigt auch die Motorreibungsverluste des Motors. Diese betragen bei 1400 Umdrehungen 12 PS und sind infolge der Rollenlagerung der Kurbelwelle ungefähr 20% geringer als die Verluste bei Motoren ähnlicher Bauart, bei welchen die Kurbelwelle in Gleitlagern gelagert ist. Der Brennstoffverbrauch ist aus Bild 13 ersichtlich. Im Drehzahlbereich von 650 bis 1350 und bei voller Motorbelastung verbraucht der Daagmotor 234 b i s 240 G r a m m B e n z o l für die Pferdekraftstunde entsprechend einem thermischen Wirkungsgrad von 28,2—27,5%. Auch bei abnehmender Motorbelastung bleibt der Brennstoffverbrauch gering. Wie Bild 14 in den b-Kurven für 600, 900 und 1200 minutlichen Umdrehungen zeigt, liegt der Brennstoffverbrauch noch bei halber Motorbelastung unter 300 Gramm für die PS-Stunde.

Über die Wärmeverluste im Kühlwasser und die Abgastemperaturen bei Motorvolleistungen und bei verschiedenen Motorbelastungen geben die Bilder 14 und 15 Aufschluß. Infolge der günstigen Form und geringen Wandfläche des Verbrennungsraumes sind die Wärmeverluste im Kühlwasser mit h = 650 WE/PS-Std. bei Vollast und 1200 Umdrehungen gering. Die Literleistung ist entsprechend hoch, die Kühlanlage wird klein.

Die Schmieröltemperatur im Kurbelgehäuse steigt bei Dauerlauf des Motors unter Vollast bis auf 69° C (Bild 16). Hierbei war der Motor nicht belüftet. Die Erwärmung des Schmieröles bleibt daher innerhalb der für die gebräuchlichen mittelflüssigen Ölsorten zulässigen Grenzen.

Bild 12.

Motorleistung und Motorreibung des Daagmotors

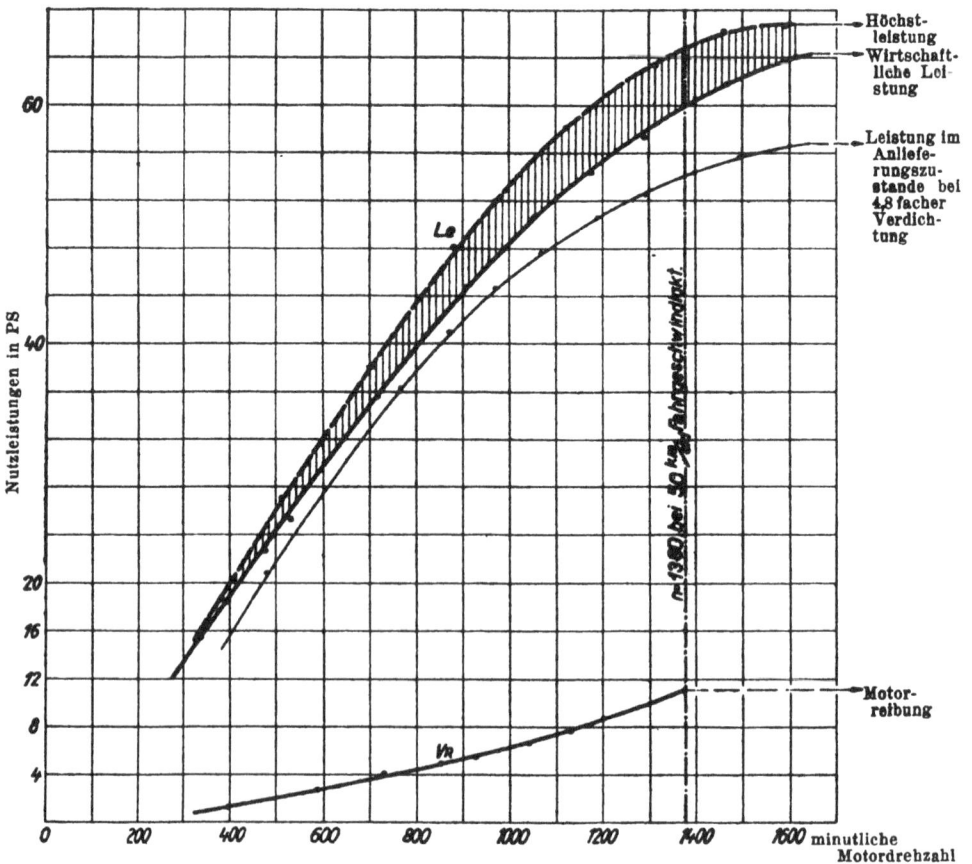

Bild 13.

Benzolverbrauch des 60-PS-Daagmotors bei Vollast.

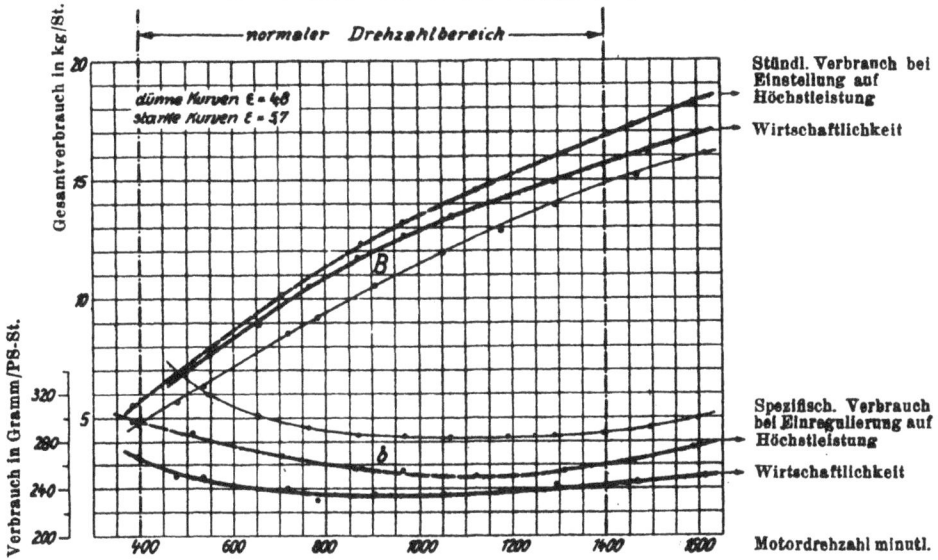

normaler Drehzahlbereich

Gesamtverbrauch in kg/St.

dünne Kurven ε = 4,8
starke Kurven ε = 5,7

Verbrauch in Gramm/PS-St.

Stündl. Verbrauch bei Einstellung auf Höchstleistung

Wirtschaftlichkeit

Spezifisch. Verbrauch bei Einregulierung auf Höchstleistung

Wirtschaftlichkeit

Motordrehzahl minutl.

Bild 14.

Spez. Benzolverbrauch, Spez. Kühlwasserwärme und Abgastemperatur des Daagmotors bei verschiedenen Motorbelastungen (Drosselleistungen).

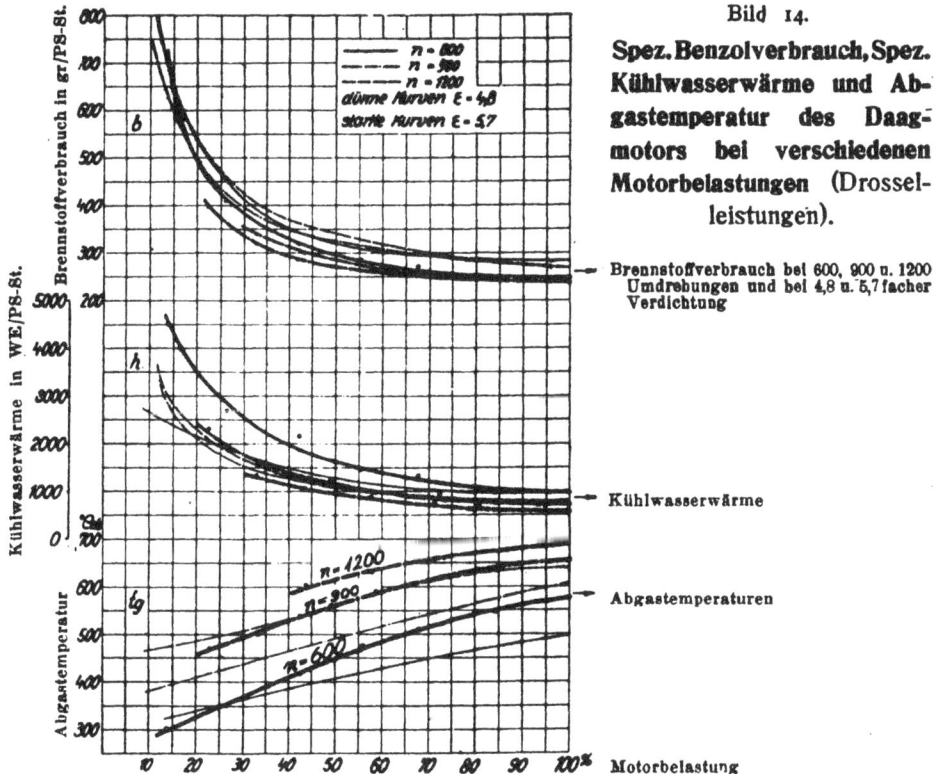

Brennstoffverbrauch in gr/PS-St.

n = 600
n = 900
n = 1200
dünne Kurven ε = 4,8
starke Kurven ε = 5,7

Kühlwasserwärme in WE/PS-St.

Brennstoffverbrauch bei 600, 900 u. 1200 Umdrehungen und bei 4,8 u. 5,7 facher Verdichtung

Kühlwasserwärme

Abgastemperatur

n = 1200
n = 900
n = 600

Abgastemperaturen

Motorbelastung

Bild 15.

Kühlwasserwärme und Abgastemperatur des Daagmotors bei Volleistung.

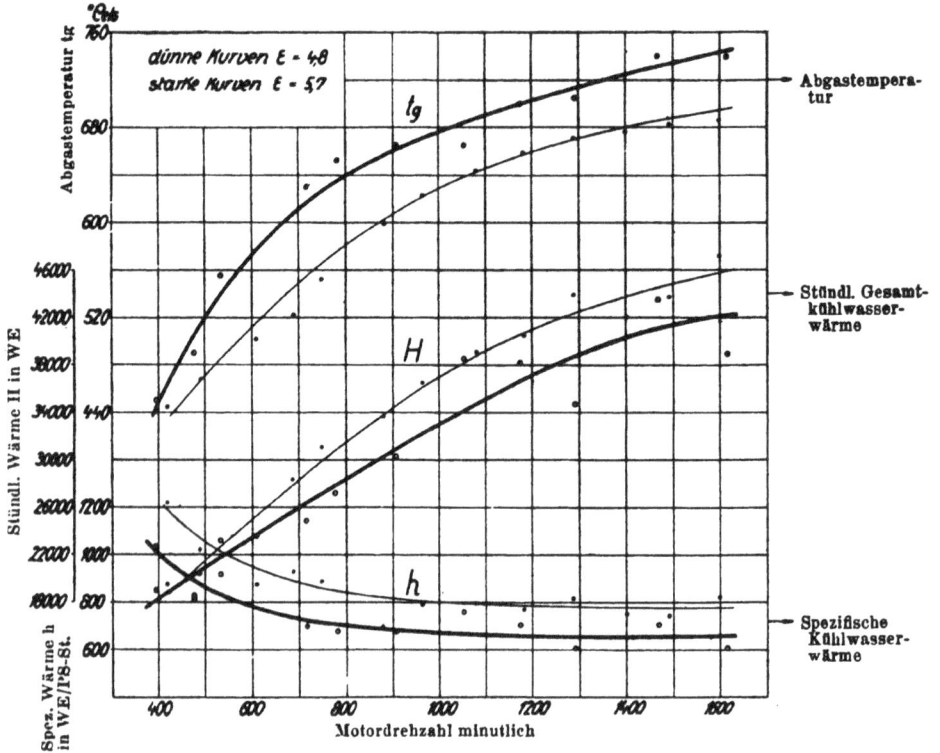

Bild 16.

Schmierölerwärmung im Kurbelgehäuse des Daagmotors bei Dauerlauf unter Vollast und 1220 Umdrehungen minutlich.

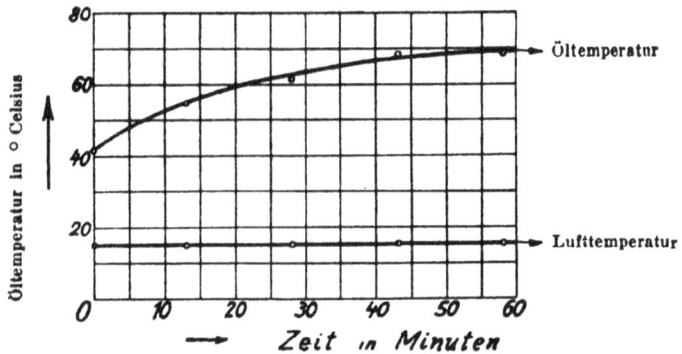

Betriebswerte des Wagens.

Getriebeverluste.

Die ermittelten Getriebeverluste (Kupplung, Wechselgetriebe, Cardan-
welle, Hinterachsantrieb, Hinterradlager) des Daag-Schnellastwagens sind
in Bild 17 für 4 Schaltgänge dargestellt. Die Werte gelten sowohl für
Leerlauf des Wagentriebwerks als auch für volle Leistungsübertragung.
Die Getriebeverluste sind bei allen vier Schaltgängen sehr gering und über-
steigen nicht 2 PS innerhalb der durch die Motordrehzahl 1400 minutlich
für die einzelnen Schaltgänge gegebenen Fahrgeschwindigkeiten. Dieses
günstige Ergebnis ist bemerkenswert. Sämtliche Triebwerkslager des Daag-
wagens einschließlich Triebradlager sind K u g e l l a g e r. Dadurch wird die
gesamte Lagerreibung außerordentlich klein gehalten. Wagentriebräder
mit Gleitlagern haben infolge der hohen Lagerpressungen und geringen Um-
laufgeschwindigkeiten große Reibungsverluste, welche allein höher sind als
die beim Daagwagen gemessenen gesamten Getriebeverluste. Die Leerlauf-
verluste des Triebwerks rühren überwiegend von der Flüssigkeitsreibung
der in Öl laufenden Getrieberäder her. Bei Leistungsübertragung nimmt
dieser Widerstand infolge der Ölerwärmung etwas ab und gleicht die durch
die höheren Zahndrücke entstehenden Mehrverluste aus. Dementsprechend
waren die Verluste des leerlaufenden und belasteten Getriebes gleich groß.
Der Wirkungsgrad des Daag-Getriebes ist bei allen Schaltgängen sehr hoch
und liegt zwischen 96 und 98% (Bild 18).

Bild 17.

Getriebeverluste des Daag-Schnellastwagens.

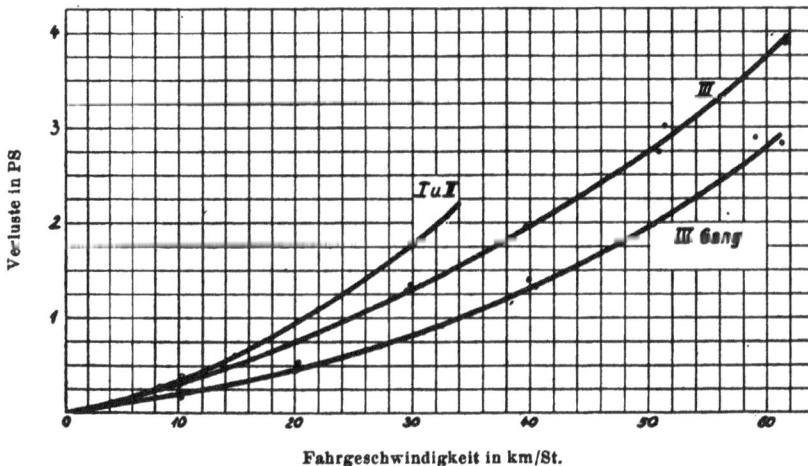

Die Energieübertragung von der Motorkupplung bis zur Fahrbahn (Produkt aus Getriebe- und Rollwirkungsgrad) erreicht, wie Bild 19 zeigt, einen Wirkungsgrad von

$$86,6 \div 84,5 \% \quad \text{bei Luftreifen}$$
$$83,2 \div 81,0 \% \quad \text{bei Vollgummireifen}$$

bei V = 15 bis 40 km-St.

Bild 18.

Wirkungsgrade des Daag-Schaltgetriebes.

beim I., II., III. und IV. Schaltgang

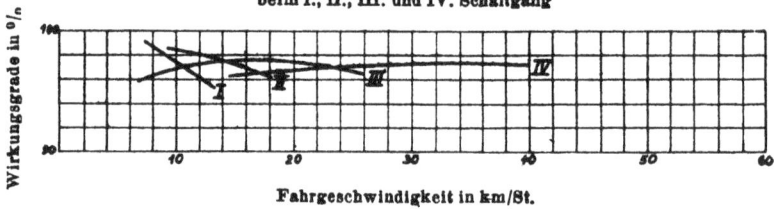

Bild 19.

Wirkungsgrade der Energieübertragung von der Motorkupplung bis zur Fahrbahn bei Vollgummireifen und Riesenluftreifen.

IV. Schaltgang

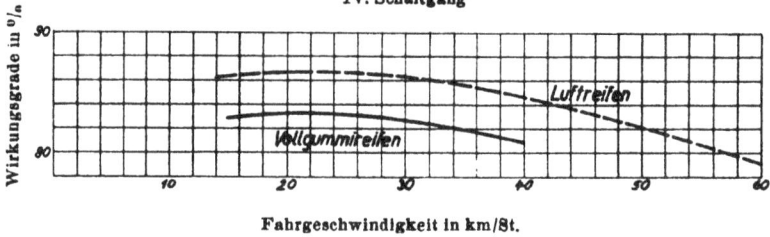

Die Verkehrsleistungen des Daag-Schnellastwagens.

Das Fahrdiagramm, Bild 20, gibt einen Überblick über die Volleistungen und Verluste des Wagens bei allen Fahrgeschwindigkeiten. Die stark ausgezogenen Kurven gelten für Luftbereifung der Vorder- und Hinterräder, die gestrichelten Kurven für Vollgummibereifung. Die Motornutzleistung L_e ergibt nach Abzug der Getriebeverluste die Leistung an den Hinterradnaben L_R. L_R vermindert um die Rollverluste der Triebradbereifung ergibt die Nutzleistung der Triebräder an der Fahrbahn L_T und diese vermindert um die Vorderradverluste ergibt die Wagennutzleistung L_n. Ein Teil der Wagennutzleistung wird zur Überwindung des Luftwiderstandes aufgezehrt; der Rest ist Leistungsreserve, welche für die Hubarbeit in Steigungen und für die Beschleunigung des Fahrzeuges zur Verfügung steht. Von der Größe der Leistungs-

Bild 20.

Fahrdiagramm des 2-t-Daag-Schnellastwagens.

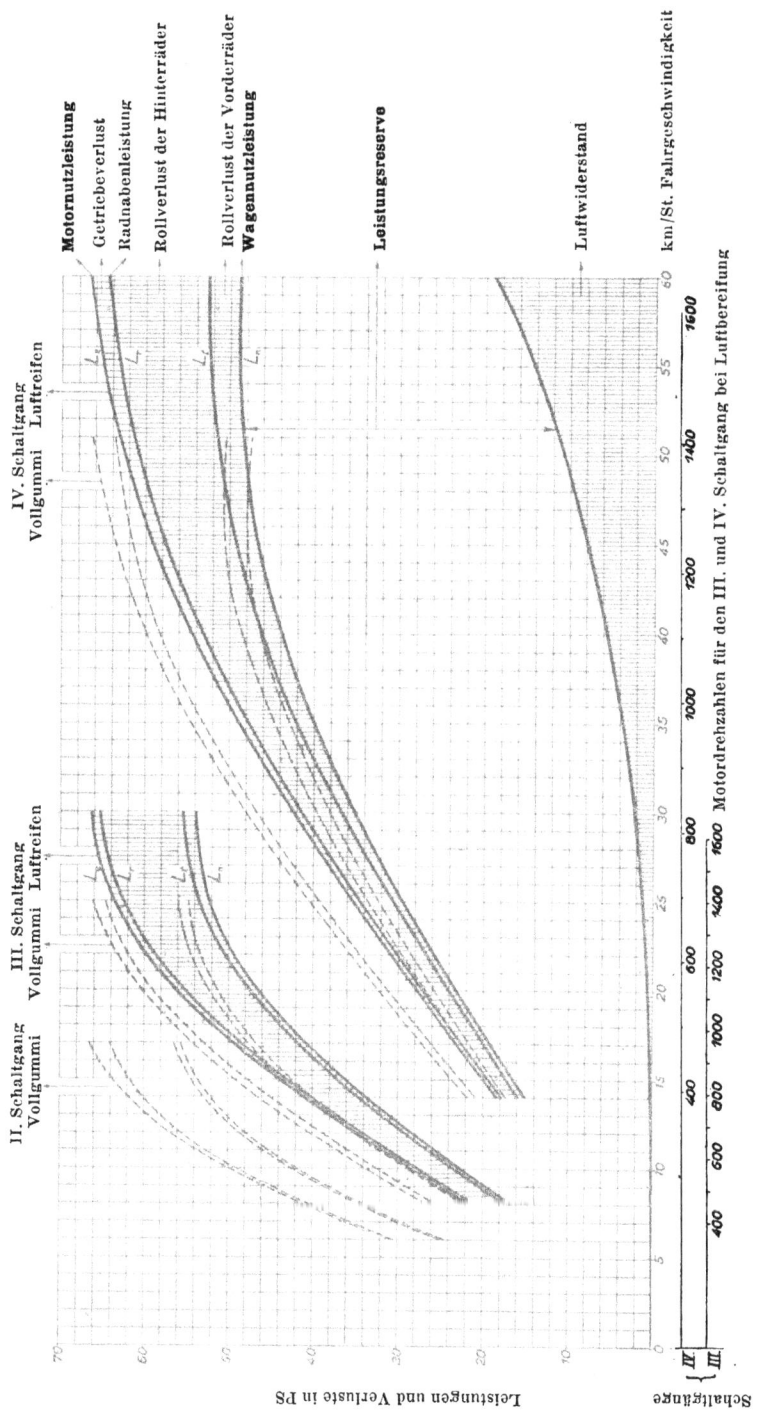

II. Schaltgang
Vollgummi

III. Schaltgang
Vollgummi   Luftreifen

IV. Schaltgang
Vollgummi   Luftreifen

Motornutzleistung
Getriebeverlust
Radnabenleistung
Rollverlust der Hinterräder
Rollverlust der Vorderräder
Wagennutzleistung

Leistungsreserve

Luftwiderstand

km/St. Fahrgeschwindigkeit

Motordrehzahlen für den III. und IV. Schaltgang bei Luftbereifung

Leistungen und Verluste in PS

Schaltgänge

reserve bei den verschiedenen Fahrgeschwindigkeiten hängt die Verkehrsleistung des Wagens entscheidend ab. Bei nomalen Lastwagen mit ihren geringen Fahrgeschwindigkeiten spielt der Luftwiderstand eine ganz unwesentliche Rolle. Hingegen sind die Luftwiderstandsverluste bei Schnelllastwagen schon erheblich und erreichen bei der gebräuchlichen Formgebung 11 PS bei 50 km stündl. Fahrgeschwindigkeit. Wie bei Bild 12 bereits erwähnt, hat der Daagmotor im oberen Drehzahlbereich noch eine mit der Drehzahl stark ansteigende Nutzleistung. Durch diese günstige Leistungs-Drehzahlcharakteristik behält die Leistungsreserve des Wagens auch bei den oberen Fahrgeschwindigkeiten einen hohen Wert, obwohl hierbei bereits wesentliche Luftwiderstandsverluste auftreten. So ist beim 4. Schaltgang des Schnelllastwagens eine Leistungsreserve von 37 PS bei 50 km-Std. Fahrgeschwindigkeit vorhanden, gegenüber einem Höchstwert von 40 PS bei V = 40 bis 44 km/Std.

Die Leistungsfähigkeit des Daag-Schnelllastwagens auf Grund seiner hohen Leistungsreserve ist in Bild 21 veranschaulicht. In diesem sind die L e i s t u n g s r e s e r v e n j e t G e s a m t g e w i c h t des Daag-Schnellastwagens, eines normalen 3-t-Daag- und eines normalen 4-t-Daag-Lastwagens miteinander verglichen. Sämtliche Wagen sind vom Verfasser in der Versuchsanstalt für Kraftfahrzeuge der Technischen Hochschule Berlin untersucht worden. Die Werte sind diesen Untersuchungen entnommen und für die 3. und 4. Schaltgänge in Bild 21 eingetragen.

Bild 21.

Leistungsreserve in PS je Tonne Wagengesamtgewicht
eines 3-t- und 4-t-Lastwagens und des 2-t-Daag-Schnellastwagens.

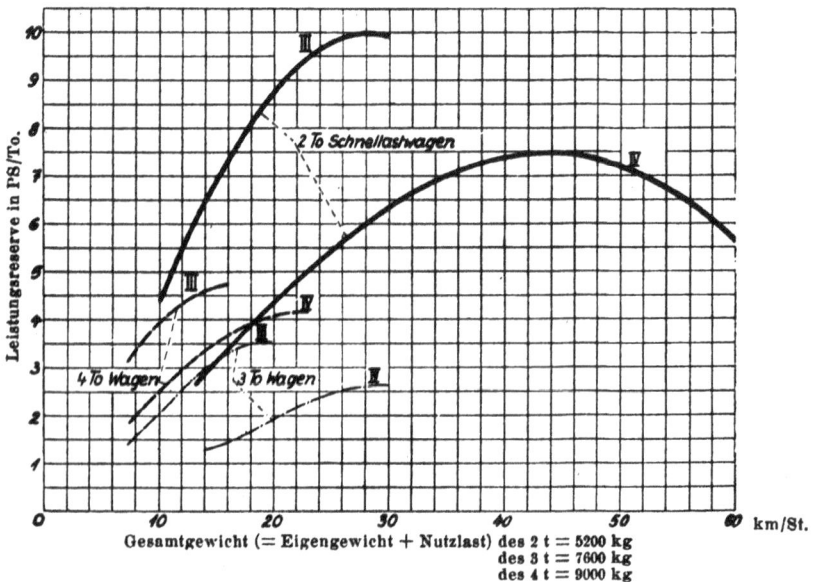

Hiernach beträgt die Leistungsreserve je t Wagengesamtgewicht beim:
Schnellastwagen 4. Gang 7,5 PS, 3. Gang 10,0 PS
3 - t - Lastwagen 4. Gang 2,6 PS, 3. Gang 3,5 PS
4 - t - Lastwagen 4. Gang 4,2 PS, 3. Gang 4,8 PS

Der Schnellastwagen ist also gegenüber dem 3-t-
Wagen einmal und gegenüber dem 4-t-Wagen zweimal
leistungsfähiger. Die Leistungsreserve je t Wagengesamtgewicht
wertet die Fahrtleistung aller Kraftfahrzeuge zusammengefaßt nach Wagennutzleistung, Wagengewicht und Luftwiderstand, also nach den für die
Fahrtleistung wesentlichsten Eigenschaften.

Bild 22.

Steigungsdiagramm des 2-t-Daag-Schnellastwagens.

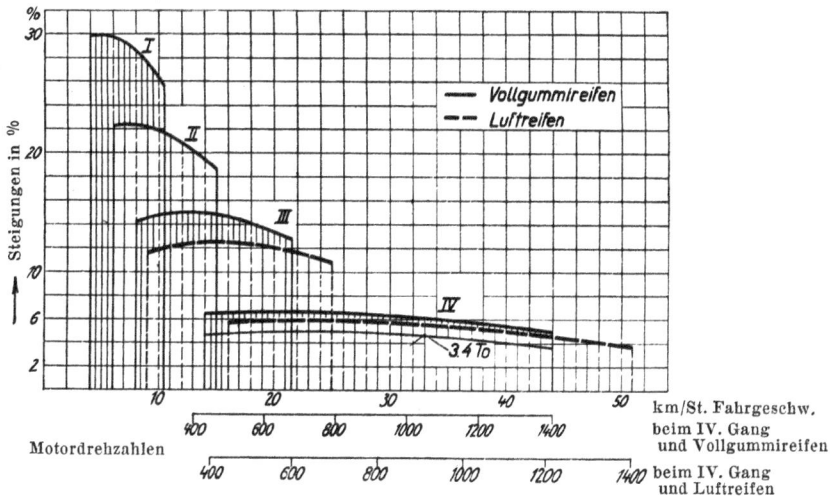

Auf Grund seiner hohen Leistungsreserve je t Gesamtgewicht besitzt
der Daag-Schnellastwagen ein hohes Steigungsvermögen, Bild 22. Mit dem
4. direkten Schaltgang und vollbeladenem Wagen sind ohne Geschwindig-
keitsverlust, also mit 50 km/Std. Fahrgeschwindigkeit Steigungen von 4% und
bei abnehmender Fahrgeschwindigkeit Steigungen bis 6% befahrbar. Bei 3,4 t
Nutzlast also der 1,7 fachen Überlast, mit welcher der Wagen zur Erhöhung
der Beanspruchungen vergleichsweise untersucht worden ist, können noch
Steigungen von 5% mit dem 4. Gang befahren werden. Der 3., 2. und
1. Schaltgang beherrschen bei normaler Nutzlast Steigungen von 14, 22
bzw. 30%. Das Steigungsvermögen ist daher für die Überwindung aller
dem Kraftverkehr zugänglichen Straßen, auch im Hochgebirge, ausreichend.
Die Unterschiede im Steigungsvermögen mit Luftreifen und Vollgummireifen sind durch die größeren Durchmesser der Luftreifen gegenüber dem
Vollgummireifen und das dadurch verschiedene Übersetzungsverhältnis
zwischen Motor- und Triebraddrehzahl verursacht.

Bild 23.

Bremsleistungen der Motorbremse und Wagenwiderstände.

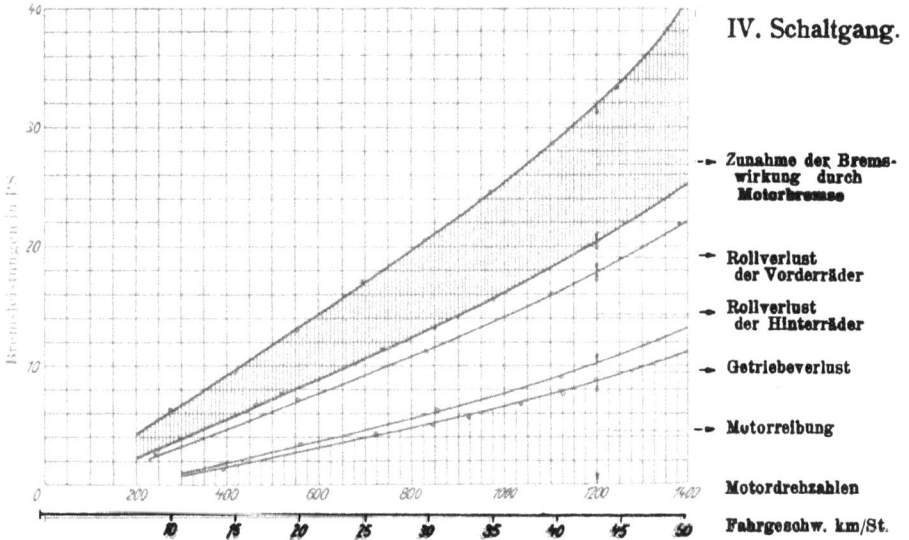

IV. Schaltgang.

- ➞ Zunahme der Brems-
  wirkung durch
  Motorbremse
- ➞ Rollverlust
  der Vorderräder
- ➞ Rollverlust
  der Hinterräder
- ➞ Getriebeverlust
- ➞ Motorreibung

Motordrehzahlen

Fahrgeschw. km/St.

Bild 24.

Bremswirkung der Motorbremse bei verschiedenen Schaltgängen.

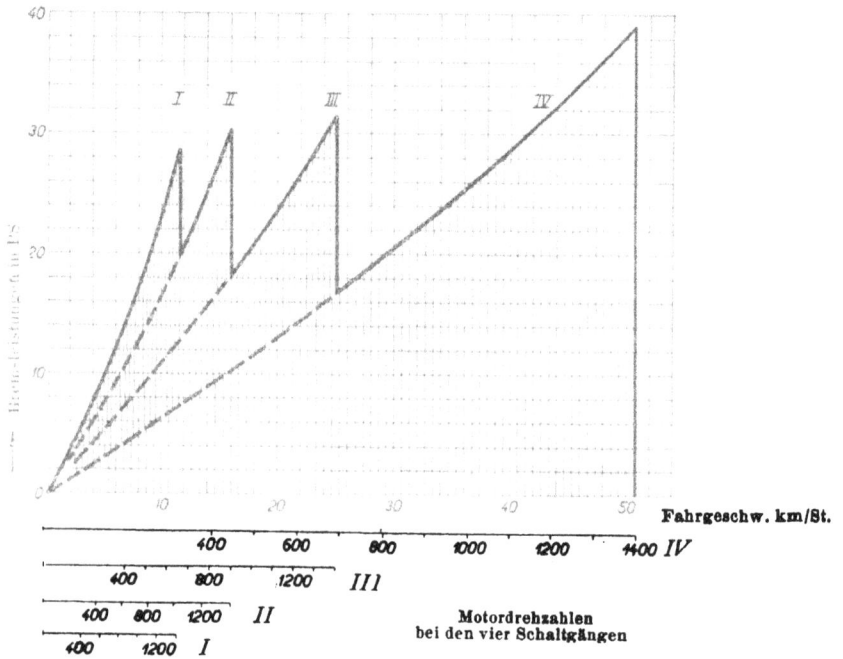

Fahrgeschw. km/St.

Motordrehzahlen
bei den vier Schaltgängen

Die Motorbremse.

Mit zunehmenden Verkehrsleistungen der Fahrzeuge wachsen die Anforderungen an die Bremseinrichtungen. Die höhere Fahrgeschwindigkeit
und der rasche Geschwindigkeitswechsel bedingen kräftig und sicher wir-
kende und leicht bedienbare Bremsen. Die großen lebendigen Kräfte rasch-
fahrender Fahrzeuge haben eine außerordentlich g r o ß e A b n u t z u n g
der Bremsen zur Folge. Die Vervollkommnung der Bremsvorrichtungen
muß mit der Steigerung der Verkehrsleistungen der Fahrzeuge unbedingt
Schritt halten und verlangt ganz besondere Beachtung. Für die Güte einer
Bremsvorrichtung ist die Frage der Abnutzung wesentlich mitbestimmend.
Bremsen mit starker Abnutzung bieten nur beschränkte Verkehrssicherheit,
sie erfordern ständige Wartung und müssen häufig nachgestellt werden.

Die aufgerauhten Bremsflächen erzeugen ein hartes, ruckweise veränder-
liches Bremsmoment, der stark gebremste Wagen verliert dadurch seine
Fahrstabilität.

Die M o t o r b r e m s e erfüllt die Forderung geringer Abnutzung voll-
kommen, ihre Wirkung beruht lediglich auf der Verdichtungsarbeit von Luft
in dem für diesen Zweck umgesteuerten Motor, sie erzeugt ein weiches,
gleichmäßiges, also stoßfreies Bremsmoment.

Die in der Motor- und Wagenuntersuchung ermittelten Bremsleistungen
der Daag-Motorbremse sind in den Bildern 23 und 24 dargestellt. In Bild 23
sind übereinander aufgetragen: Motorreibungsverluste, Getriebeverluste,
Rollverluste der Hinterräder und Vorderräder und die Bremsarbeit der
Motorbremse. Bei 1380 Motorumdrehungen minutlich entsprechend 50 km
stündlicher Fahrgeschwindigkeit betragen die Bremsleistungen durch:

Laufwiderstand des Getriebes (Getriebeverluste) = 2 PS
Rollverluste der Reifen . . . . = 12 PS
Motorreibung . . . . = 11 PS
Luftverdichtungsarbeit der Motorbremse . . . = 14 PS
oder g e s a m t e B r e m s l e i s t u n g . . . . = **39** PS

Der Gesamtwiderstand des auf Bremsbetrieb geschalteten Motors erreicht im ganzen Drehzahlbereich den 2,3 bis 2,5 f a c h e n B e t r a g d e r
n o r m a l e n M o t o r r e i b u n g.

Die Bremsleistung der Motorbremse sinkt mit der Motordrehzahl bzw.
Fahrgeschwindigkeit. Wie Bild 24 zeigt, kann bei abnehmender Fahrgeschwindigkeit durch Anwendung der niedrigeren Schaltgänge noch eine
kräftige Bremsung, z. B. von 29 PS bei V = 12 km/Std. erzielt werden.
Die Bremsung reicht aber im Endauslauf des Wagens zum Stillstand nicht
mehr aus. Dieser Nachteil der Motorbremse ist grundsätzlicher Art und
bedingt die hilfsweise Benutzung einer Backenbremse. Im praktischen
Fahrbetriebe fällt aber die weitaus größte Bremsarbeit der Motorbremse zu,
so daß dem Nachteil sehr bedeutende Vorteile gegenüberstehen. Auf der an

die Laboratoriumserprobung angeschlossenen Versuchsfahrt Berlin—Harz—Rheinland reichte die Motorbremse beim 4. (direkten) Schaltgang in den meisten Fällen zum Verlangsamen der Fahrgeschwindigkeit vor Kurven und Hindernissen und zum Bremsen im Gefälle aus. Selbst bei der Talfahrt des vollbeladenen Daagwagens auf dem bis 18% starken Gefälle in Andreasberg im Harzgebirge genügte die Bremsleistung der Motorbremse im 1. Schaltgang.

Bild 25.

Brennstoffverbrauch des 2-t-Daag-Schnellastwagens für 100 km.

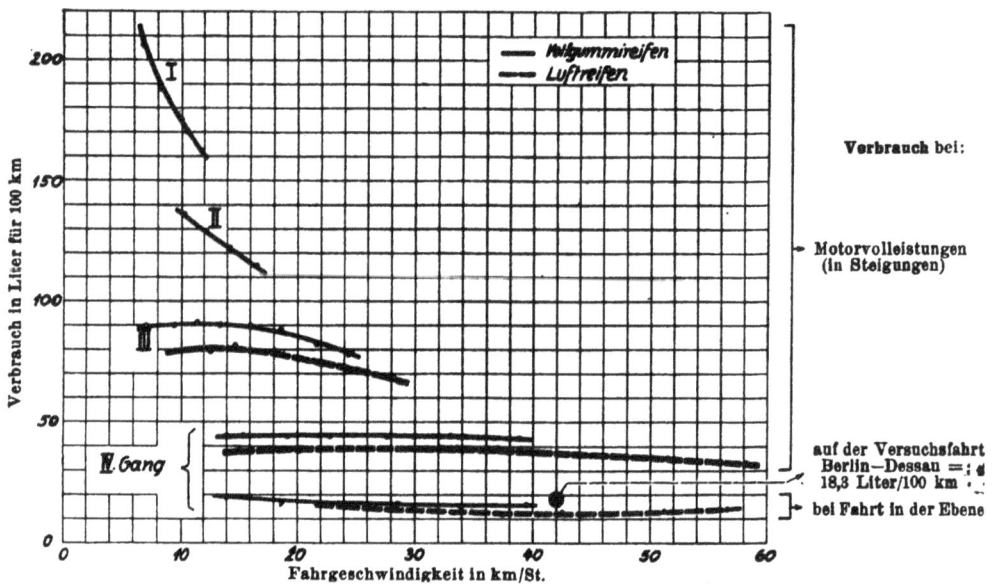

Der Brennstoffverbrauch des Daagwagens.

Bild 25 zeigt den in der Wagenuntersuchung ermittelten Benzolverbrauch des Schnellastwagens in Liter/100 km Fahrstrecke bei den 4 Schaltgängen und Vollast und bei Fahrt in der Ebene. Die ausgezogenen Kurven gelten für Vollgummi-, die gestrichelten Kurven für Riesenluftreifen. Hiernach beträgt der Benzolverbrauch:

Mit V o l l g u m m i r e i f e n :

4. Gang, $V = 14 \div 40$ km/Std. bei Fahrt i. d. Ebene $16 \div 19$ Liter/100 km
4. Gang, $V = 14 \div 40$ km/Std. bei Volleistung in

         5 — 6,4 % Steigungen . . . . . $43 \div 44$ „   „

3. Gang, $V = 7 \div 25$ km/Std. bei Volleistung in

         13 — 15 % Steigungen . . . . . $78 \div 91$ „   „

Mit R i e s e n l u f t r e i f e n :

4. Gang, V = 22 ÷ 57 km/Std. bei Fahrt i. d. Ebene 13 ÷ 16 Liter/100 km
4. Gang, V = 22 ÷ 57 km/Std. bei Volleistung in
$\qquad$ 4 ÷ 6 % Steigungen 33 ÷ 40 „   „
3. Gang, V = 9 ÷ 28 km/Std. bei Volleistung in
$\qquad$ 11 ÷ 12,5 % Stei-
gungen . . . . . 68 ÷ 72 „   „

Dieser sehr geringe Brennstoffverbrauch des Daag-Schnellastwagens beruht auf der hohen Wirtschaftlichkeit des Motors und den geringen Getriebe-
verlusten. Auf der Versuchsfahrt hatte der vollbeladene Daag-Wagen über-
einstimmend mit den Messungen in der Laboratoriumserprobung einen sehr
geringen Brennstoffverbrauch. Wie der in Bild 25 eingetragene Meßpunkt
aus der Versuchsfahrt zeigt, betrug der Brennstoffverbrauch auf der ersten
Teilstrecke Berlin—Dessau (127 km) nur **18,3 Liter pro 100 km bei einer
mittleren Fahrgeschwindigkeit von 42 km/Std.** Für ausschließliche Fahrt
in der Ebene ergab die Laboratoriumserprobung je nach der Fahrgeschwindigkeit einen Verbrauch von 13 ÷ 16 Liter/100 km. Die Meßstrecke war
dagegen hügelig; dazu kommen die Inbetriebsetzung bei der Abfahrt, die
Haltezeiten mit laufendem Motor, so daß die Meßwerte der Versuchsfahrt
und der Laboratoriumserprobung sehr gut übereinstimmen.

Bild 26.

**Brennstoffverbrauch je PS Radnabenleistung bei verschiedener Motorbelastung
im IV. Schaltgang.**

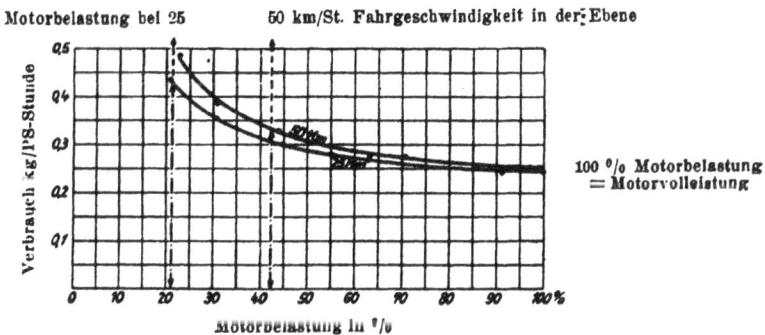

Die Verbrauchskurve für Fahrt in der Ebene in Bild 25 gibt auch Aufschluß über die Frage des Einflusses der Fahrgeschwindigkeit auf den Brennstoffverbrauch. Die auf ebener Straße zu überwindenden Fahrwiderstände
sind verhältnismäßig klein, der Motor arbeitet daher besonders bei niedrigeren Fahrgeschwindigkeiten stark gedrosselt. Hier kommt die **gute**

Wirtschaftlichkeit des Motors bei abnehmender Motorbelastung sehr stark zur Geltung. Wie Bild 26 zeigt, ist der Motor bei Fahrt in der Ebene mit 21 % bei V = 25 km/Std. und mit 42 % bei V ÷ 50 km/Std. belastet und verbraucht hierbei 430 bzw. 330 Gramm je Std. für die an den T r i e b - r a d n a b e n geleistete Nutzpferdekraft. Der Verbrauch des Wagens beträgt daher selbst bei 22 km stündlicher Fahrgeschwindigkeit nur 16 Liter/ 100 km, zwischen 35 und 50 km/Std. liegt der günstigste Wert von 13 Liter/ 100 km, und bei mehr als 50 km/Std. nimmt der Brennstoffverbrauch langsam zu, wesentlich infolge der rasch ansteigenden Luftwiderstandsverluste.

Diese Meßdaten beweisen die W i r t s c h a f t l i c h k e i t höherer Fahrgeschwindigekiten bis zu 60 km/Std.

Über die wichtige Frage der B e t r i e b s w i r t s c h a f t l i c h k e i t d e s S c h n e l l t r a n s p o r t e s gibt Bild 27 Aufschluß. In diesem Bild ist der Brennstoffverbrauch pro Tonnenkilometer eines 4-t-, 3-t-Lastwagens und des 2-t-Schnellastwagens nebeneinandergestellt. Die Daten sind aus den Laboratoriumserprobungen der Daag-Lastwagen entnommen.

Bild 27.

Brennstoffverbrauch je Tonnenkilometer
des 4 t-, 3 t-Lastwagens und des 2 t-Daag-Schnellastwagens
bei Fahrt in der Ebene.

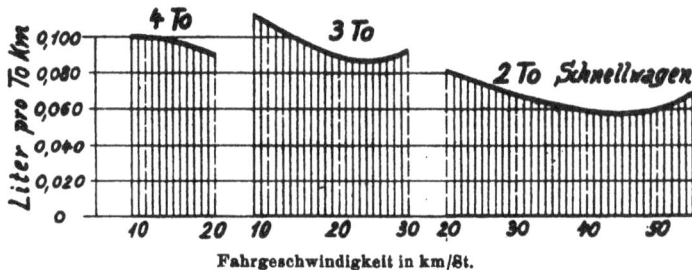

Der Brennstoffverbrauch je 1 km für jede Tonne Nutzlast beträgt beim:

4-t-Lastwagen (V = 8 ÷ 20 km/Std.) . . . . . . 0,1 ÷ 0,09 Liter
3-t-Lastwagen (V = 8 ÷ 30 km/Std.) . . . . . . 0,11 ÷ 0,084 Liter
2-t-Schnellastwagen (V = 20 ÷ 55 km/Std.) . . . 0,08 ÷ 0,06 Liter

Diese Zahlen auf den praktischen Fahrbetrieb umgerechnet ergeben folgendes Bild: Bei 250 Fahrtagen im Jahr mit 250 Tonnenkilometer Tagesleistung ist die Jahresleistung 62 500 Tonnenkilometer. Der Brennstoffverbrauch für diese Transportleistung beträgt mit den mittleren Daten des Bildes 27:

beim 4-t-Wagen: 62 500 × 0,095 = 5940 Liter,
beim 3-t-Wagen: 62 500 × 0,097 = 6060 Liter,
beim 2-t-Schnellwagen: 62 500 × 0,07 = 4375 Liter,

also 1565 bzw. 1685 Liter jährliche Brennstoffersparnis beim Schnellwagen.

Da diese Verbrauchsziffern für ausschließliche Fahrt in der Ebene gelten, also im praktischen Fahrbetriebe infolge der Leerfahrten und Bergfahrten der Fahrzeuge höher sind, steigen auch die Verbrauchsunterschiede, und zwar verschieben sich diese noch weiter zu Gunsten des 2-t-Schnellastwagens, weil beim 3-t- und 4-t-Wagen Leerfahrt und Bergfahrt infolge der höheren Eigengewichte unwirtschaftlicher sind. D e r D a a g - S c h n e l l a s t - w a g e n t r i t t d e m n a c h a l s a u ß e r o r d e n t l i c h b e t r i e b s w i r t - s c h a f t l i c h e s T r a n s p o r t m i t t e l v o n h o h e r L e i s t u n g s f ä h i g k e i t h e r v o r.

Bereifung.

Riesenluftreifen und Vollgummireifen.

Die Untersuchung des Daag - Schnellastwagens mit R i e s e n l u f t - r e i f e n (Einfachreifen 1075 × 225 mm auf Siluminrädern) und mit V o l l - g u m m i r e i f e n (Doppelreifen 930 × 120 mm) hat die Frage der Rollverluste, der Verluste an Antriebsleistung im Reifen und der Wagenabfederung bei beiden Reifenarten geklärt. Bild 28 zeigt die Rollverluste des vollbeladenen Daag-Wagens mit Vollgummireifen und mit Riesenluftreifen. Die letzteren sind mit 5½, 7 und 8½ at. Luftüberdruck im Reifen untersucht worden. Als normale Luftspannung sind 7 at. Überdruck vom Reifenfabrikanten vorgeschrieben. Die Rollverluste der Luft- und Vollgummireifen nehmen bis 50 km/Std. Fahrgeschwindigkeit annähernd proportional zu. Bei 50 km stündlicher Fahrgeschwindigkeit und voller Antriebsleistung beträgt der Rollverlust der beiden Triebradluftreifen 9,4 PS bei 7 at. Luftspannung. Dieser Verlust steigt auf 10,3 PS bei 5½ at. und sinkt auf 8,8 PS bei 8½ at. Luftspannung im Reifen. Kleinere Luftspannung im Reifen hat größere Eindrückung und Walkarbeit und entsprechend höheren Rollverlust des Reifens zur Folge.

Die Vollgummireifen haben sowohl im Leerlauf (gestrichelte Kurve) als auch bei voller Antriebsleistung (strichpunktierte Kurve) g r ö ß e r e R o l l - v e r l u s t e als die Riesenluftreifen. Bei 40 km stündlicher Fahrgeschwindigkeit betragen:

Rollverluste der Triebräder mit Vollgummireifen . . 9,6 PS
Rollverluste der Triebräder mit Riesenluftreifen . . . 7,4 PS
d. i. 2,2 PS Ersparnis bei Riesenluftreifen.

D e r W i r k u n g s g r a d d e r T r i e b r a d b e r e i f u n g (Bild 29) ist entsprechend den kleineren Rollverlusten beim Luftreifen wesentlich höher als beim Vollgummireifen und beträgt:

bei Riesenluftreifen   88,4 ÷ 87   %
bei Vollgummireifen   86   ÷ 83,5 %

im Bereich gleicher Fahrgeschwindigkeiten von 15 ÷ 40 km/Std.

Beim Continental - R i e s e n l u f t r e i f e n sind demnach die Rollverluste unter gleichen Betriebsbedingungen u m 23 % n i e d r i g e r als beim
Vollgummireifen.

Die geringeren Rollverluste der Riesenluftreifen kommen, wie bereits
vorher nachgewiesen, in der Brennstoffwirtschaftlichkeit des Wagens zum
Ausdruck. Die Brennstoffersparnis bei Fahrt in der Ebene mit Riesenluftreifen beträgt nach Bild 25 durchschnittlich 3 Liter/100 km oder 17 %.

Bild 28.

Rollverluste der Triebräder und Vorderräder des 2-t-Daag-Schnellastwagens mit Vollgummireifen und Luftreifen.

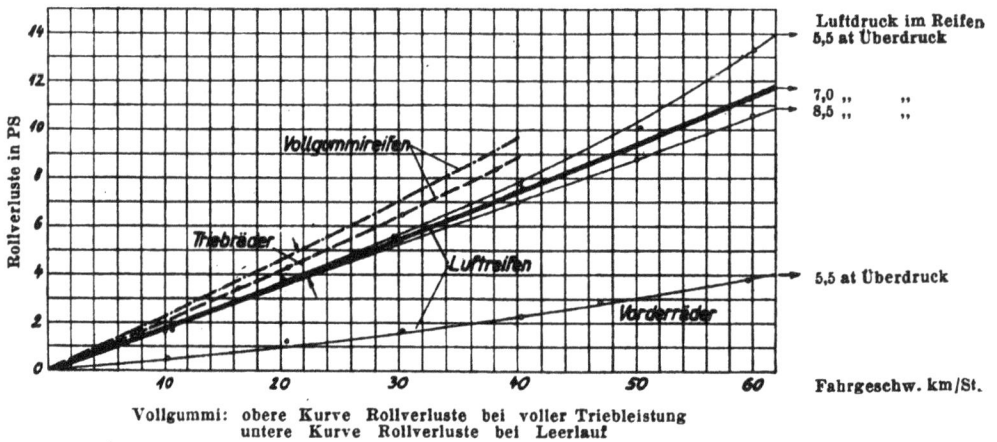

Vollgummi: obere Kurve Rollverluste bei voller Triebleistung
untere Kurve Rollverluste bei Leerlauf

Bild 29.

Wirkungsgrad der Triebradbereifung.

beim IV. Schaltgang und voller Antriebsleistung.

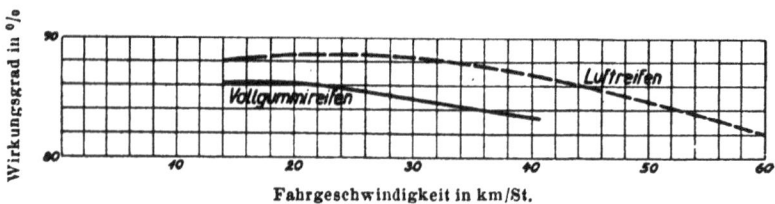

Die Straßenbeanspruchung.

Federungswirkung der Vollgummi- und Luftreifen.

Die Bilder 30 und 31 zeigen die statische Federcharakteristik der Hinter-
achsblattfedern, der Vollgummireifen und Riesenluftreifen der Triebräder.
Die Eindrücktiefen bei 3000 kg Radbelastung sind:
bei Vollgummidoppelreifen:

> 14 mm auf ebener Fahrbahn,
> 25 mm auf 15 mm hohem Hindernis;

bei Riesenluftreifen:

> 36 mm auf ebener Fahrbahn,
> 48 mm auf 15 mm hohem Hindernis.

Bild 30.

Durchbiegung und Belastung der Hinterachsfedern des 2-t-Daag-Schnellastwagens.

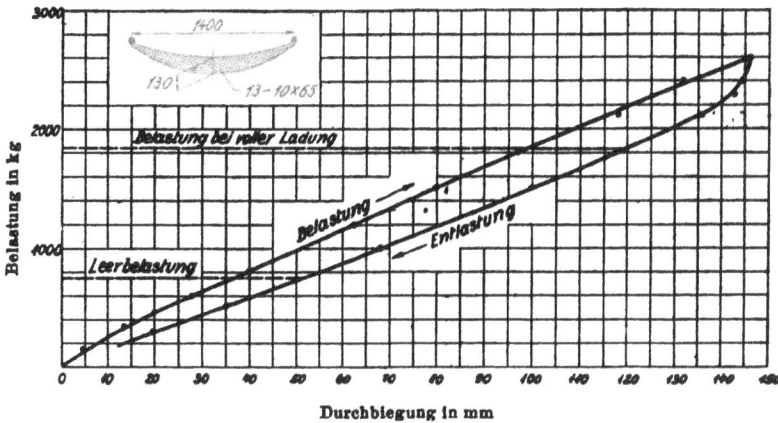

Durchbiegung in mm

Bild 31.

Statische Federungscharakteristik der Vollgummireifen und Luftreifen des 2-t-Daag-Schnellastwagens.

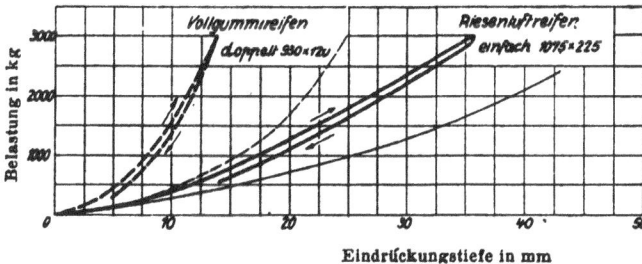

Eindrückungstiefe in mm

starke Kurven auf ebener
Grundfläche

dünne Kurven auf 15 mm
hohem Hindernis

3

Bilder 32 und 33.

Schwingungsdiagramme der Triebräder und des Wagenrahmens bei Vollgummi-reifen und Riesenluftreifen in Fahrt über 15 mm hohes Hindernis.

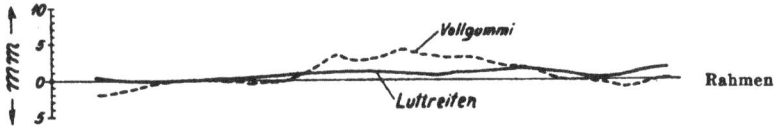

Doppelbild 32
V = 28 km/St.

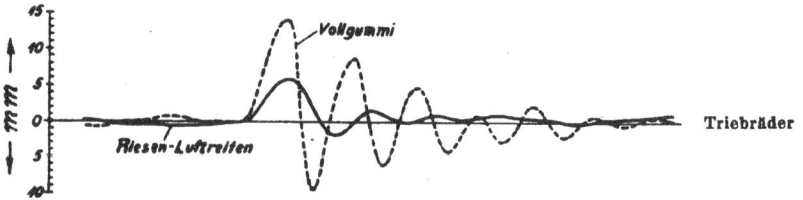

Doppelbild 33
V = 50 km/St.

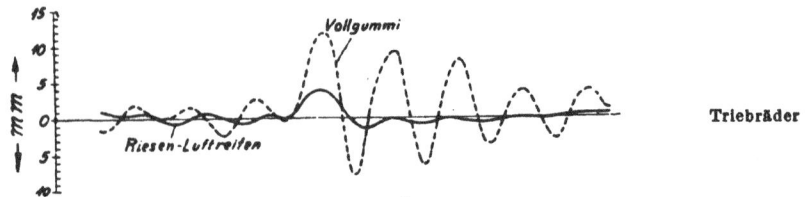

Die Vertikalschwingungen der Triebräder und des vollbeladenen Wagenrahmens wurden auf dem Prüfstande bei verschiedenen Fahrgeschwindigkeiten in Fahrt über ein auf der Prüfstandfahrbahn befestigtes Hindernis von
15 mm Höhe durch einen besonderen Indikator aufgezeichnet. In den Bildern 32 und 33 sind die Schwingungsdiagramme für Vollgummireifen und
Riesenluftreifen bei 20 und 50 km stündlicher Fahrgeschwindigkeit wiedergegeben. Die Rad- und Rahmenschwingungen weisen für beide Reifenarten
außerordentlich große Unterschiede auf. In Bild 34 sind für alle Fahrgeschwindigkeiten aus diesen Diagrammen die größten Sprunghöhen der
Räder und des Rahmens eingetragen.

Bild 34.

**Größte Sprunghöhen der Triebräder und des Wagenrahmens bei Vollgummireifen
und Luftreifen**

in Fahrt über ein 15 mm hohes Hindernis.

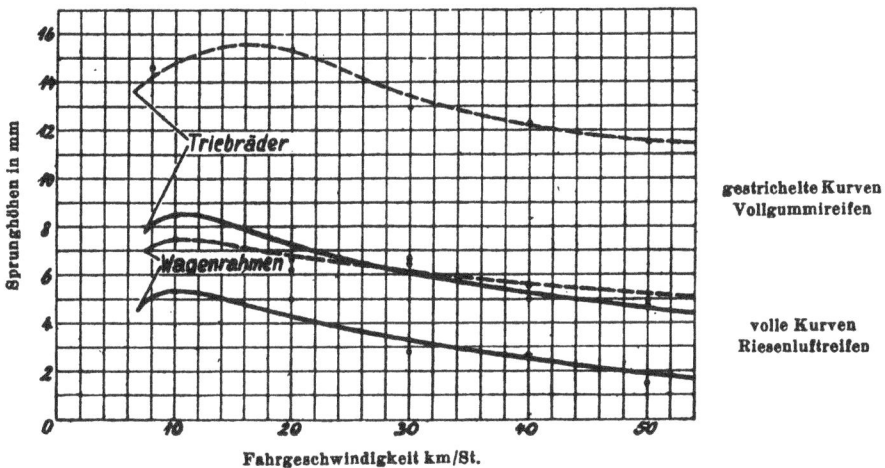

Diese betragen hiernach bei Fahrt über 15 mm hohes Hindernis:
bei Vollgummireifen:
    Rad 15,5 — 11,4 mm, Wagenrahmen 7,5 — 5 mm;
bei Riesenluftreifen:
    Rad 8,5 — 4,4 mm, Wagenrahmen 5,3 — 1,7 mm.

Bei Vollgummireifen sind also die Sprunghöhen
der Räder 2 bis 2½ mal und die des Wagenrahmens 1½ bis
3 mal so groß wie bei Riesenluftreifen.

Wie die Schwingungsdiagramme 32 und 33 zeigen, ist aber bei Riesenluftreifen nicht allein die Schwingungshöhe, sondern auch die S c h w i n -
g u n g s z a h l der Reifen sehr klein und im wesentlichen auf die erste
Schwingung beschränkt, während bei Vollgummireifen 5 kräftige Rad-
schwingungen auftreten.

Bild 35.

Größte senkrechte Sprunggeschwindigkeiten der über 15 mm hohes Hindernis fahrenden Triebräder bei Vollgummireifen und Luftreifen.

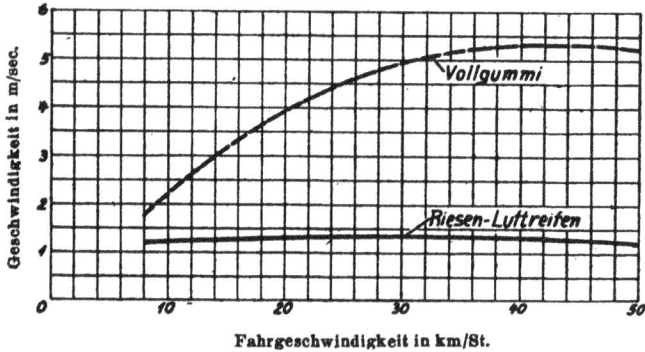

Fahrgeschwindigkeit in km/St.

Die größten Vertikalgeschwindigkeiten, mit welchen sich die Achs- und Radmassen während der Schwingungen bewegen, sind aus den Schwingungsdiagrammen ermittelt worden und in Bild 35 eingetragen. Die Geschwindigkeiten haben bei Riesenluftreifen den nahezu konstanten Wert von 1,3 m/sec., bei Vollgummireifen hingegen von 1,7 bis 5,4 m/sec. Die Höchstwerte über 4 m/sec. der Vollgummireifen treten gerade im gebräuchlichsten Geschwindigkeitsbereich von 20 km/Std. an aufwärts auf. D i e l e b e n d i g e K r a f t d e r s c h w i n g e n d e n R a d - u n d A c h s m a s s e n , w e l c h e p r o p o r t i o n a l d e m Q u a d r a t e d e r S p r u n g g e s c h w i n d i g k e i t i s t , e r r e i c h t d a h e r b e i V o l l g u m m i r e i f e n d e n **17fachen** W e r t d e r R i e s e n l u f t r e i f e n.

Die sehr wirksame Verminderung der Sprunghöhen, der Schwingungszahlen und der lebendigen Kräfte der schwingenden Massen bei Riesenluftreifen steigert die fahr- und verkehrstechnischen Eigenschaften des Wagens außerordentlich.

Der mit Riesenluftreifen ausgerüstete Wagen hat einen auffallend erschütterungsfreien und geräuschlosen Lauf. Nicht allein die kräftigen langsamen Schwingungen fallen fort, sondern auch die kleinen raschen Erschütterungen, welche in dem Wagengerassel zum Ausdruck kommen und sämtliche Wagenteile, Räder, Achsen, Triebwerk usw. stark beanspruchen und raschen Verschleiß zur Folge haben. Zugleich mit dem Wagen wird auch die Ladung sehr geschont. Für Beförderung von Personen, von Postgütern usw. ist der ruhige Lauf besonders vorteilhaft. Eine Fahrt auf dem Schnellastwagen mit Riesenluftreifen gleicht derjenigen in einem gut abgefederten starken Personenwagen und ist frei von den vielen bei Vollgummibereifung durch Erschütterungen und Geräusch verursachten störenden Begleiterscheinungen.

Die nachgewiesene hochwertige Federung des Schnellastwagens mit Luftbereifung bringt auch eine erhebliche S t e i g e r u n g d e r V e r k e h r s - s i c h e r h e i t. Die Gefahren des Verkehrs wachsen aus unzulänglicher Beherrschung der Fahrzeuge, aus schlechter Laufstabilität, geringer Bremsfähigkeit und mangelhaftem Steuerungsvermögen. Die Ursachen liegen in Eigenschaften der Bauarten begründet. Ein langsam fahrender Lastwagen mit starker Neigung zum Schleudern, langen Bremswegen u. dgl. ist verkehrsunsicherer als ein rasch fahrender Schnellastwagen oder Personenwagen mit hochwertigen Fahreigenschaften. Laufstabilität und Bremsfähigkeit eines Fahrzeuges sind bei guter Durchbildung der Bremsorgane um so besser, je größer das Haftvermögen der Räder am Boden, je kleiner der Radsprung auf unebener Fahrbahn ist, also je gleichmäßiger der Berührungsdruck zwischen Reifen und Fahrbahn bleibt.

Die S c h w i n g u n g s b i l d e r 32 und 33 und die daraus gewonnenen B a h n d r u c k d i a g r a m m e, Bilder 36 und 37, welche die Größe und Änderung der Raddrücke auf die Fahrbahn darstellen, geben wertvollste Aufschlüsse über das Haftvermögen der Vollgummireifen und der Riesenluftreifen und über das Kräftespiel zwischen Rad und Fahrbahn. Die Lösung der äußerst brennenden Frage der Wegebeanspruchung wird durch diese Erkenntnisse wesentlich gefördert. Die Schwingungs- und Bahndruckdiagramme der rollenden Räder gelten für gleiche Wagen- und Bahnverhältnisse, und zwar für Fahrt des vollbeladenen Wagens über ein 15 mm hohes Hindernis, aber für verschiedene Fahrgeschwindigkeiten von 20 und 50 km in der Stunde. Ein Vergleich der Diagramme verschiedener Geschwindigkeiten miteinander zeigt daher die Einflüsse der Fahrgeschwindigkeit auf die Straßenbeanspruchung.

Bei der Fahrt über ein Hindernis mit beispielsweise 20 km/Std. (Bilder 32 und 36) schwingt der Vollgummireifen nacheinander 14, 9, 5 mm usw. hoch, also das erste Mal über die Eindrücktiefe von 11 mm hinaus und verliert hierbei die Berührung mit der Fahrbahn, bei der zweiten Schwingung sinkt der Berührungsdruck von 2000 kg auf 200 kg und bei der dritten Schwingung noch auf 600 kg. Der Riesenluftreifen hingegen schwingt wesentlich nur einmal und nur 6 mm hoch und vermindert dabei seine Eindrückung von 27 mm auf 21 mm. Der Berührungsdruck zwischen Luftreifen und Fahrbahn nimmt dabei nur von 2000 kg auf 1400 kg ab. Während also der Vollgummireifen durch das Abspringen vom Boden und durch die wiederholte sehr starke Verminderung des Fahrbahndruckes die Verkehrssicherheit des Fahrzeuges stark heruntersetzt, besitzt der Luftreifen ein s e h r h o h e s H a f t v e r m ö g e n a n d e r F a h r b a h n und erfüllt damit die wichtigste Voraussetzung für gute Laufstabilität und Bremsfähigkeit des Fahrzeuges und sicheren Schnellverkehr. An Personenfahrzeugen sind ähnliche Erfahrnugen mit Luft-, Vollgummi- und Eisenbereifung gemacht worden und nur der Luftreifen konnte die fahrtechnischen Anforderungen auch nur mäßiger Schnellfahrt erfüllen.

Im Einklang mit diesen Ergebnissen der Reifenuntersuchung zeigte der Daag-Schnellastwagen mit Riesenluftreifen auf der Versuchsfahrt hochwertige Fahreigenschaften. Bei allen Fahrgeschwindigkeiten selbst über 60 km/Std. war der Wagenlauf überraschend stabil; der vollbeladene Wagen gehorchte allen Steuerungsbewegungen sehr sicher und ließ sich auch ungewöhnlich schnell und frei von Schleuderbewegungen abbremsen.

Bild 36.

Bahndrücke eines Triebrades mit Vollgummireifen und Luftreifen bei 20 km/Std. Fahrgeschwindigkeit.

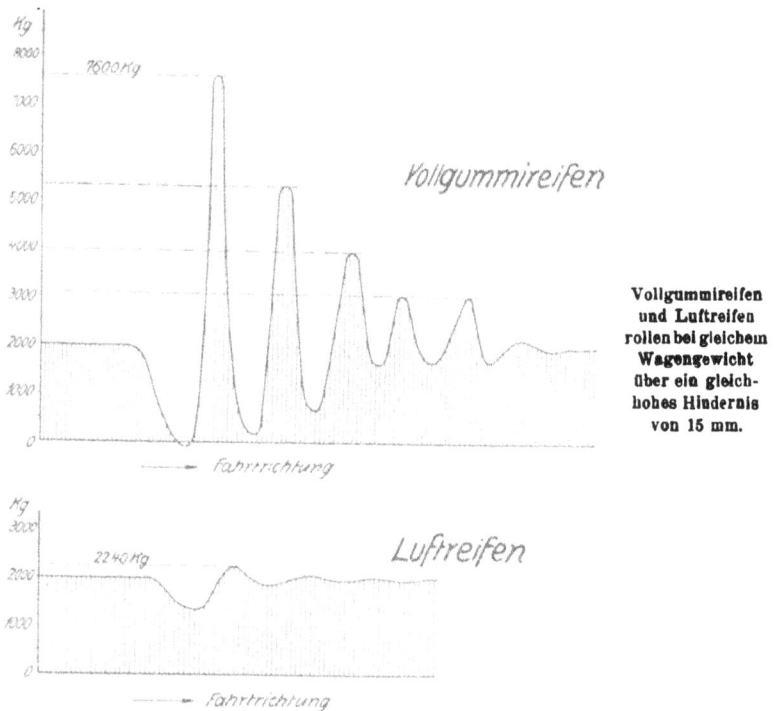

Vollgummireifen und Luftreifen rollen bei gleichem Wagengewicht über ein gleichhohes Hindernis von 15 mm.

Für die S t r a ß e n b e a n s p r u c h u n g sind Schwingungszahl und Zunahme des Fahrbahndruckes entscheidend. Rollt das Wagenrad unter Auslösung vieler Vertikalschwingungen über ein Hindernis und treten bei jeder Abwärtsschwingung starke Druckerhöhungen auf, so wird die Fahrbahn stark beansprucht. Beim Vollgummireifen ist dieser Fall stark ausgeprägt (Bilder 36 und 37). In der ersten Abwärtsschwingung wächst der Fahrbahndruck von 2000 kg auf 7600 kg, also fast auf den v i e r f a c h e n Wert, in der zweiten Abwärtsschwingung auf 5300 kg, in der dritten auf 4000 kg, in der vierten und fünften Abwärtsschwingung noch auf 3000 kg. Die fünfmalige, sehr starke Steigerung des Bahndruckes ist die Ursache der auf stark befahrenen

Straßen sich bildenden S c h l a g l o c h r e i h e n. Diese sind ein Spiegel-
bild der Bahndruckdiagramme und um so stärker ausgeprägt, je mehr gleich-
artig gebaute Fahrzeuge mit gleicher Fahrgeschwindigkeit auf derselben
Strecke fahren (bei Post- und Omnibuslinien u. dgl.), weil dann der erhöhte
Bahndruck immer dieselbe Stelle trifft.

Bild 37.

**Bahndrücke eines Triebrades mit Vollgummireifen und Luftreifen bei 50 km/Std.
Fahrgeschwindigkeit.**

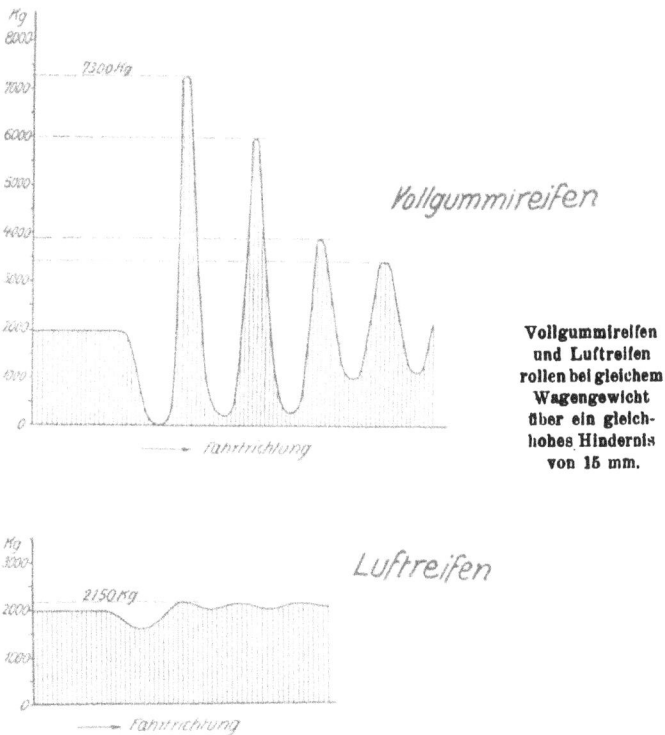

Vollgummireifen
und Luftreifen
rollen bei gleichem
Wagengewicht
über ein gleich-
hohes Hindernis
von 15 mm.

Der L u f t r e i f e n hingegen verbessert die Radbewegungen und Bahndrücke außerordentlich und schafft nahezu vollkommene Betriebsbedingungen. Die Räder schwingen bei Fahrt über das Hindernis nur einmal und
nur in geringem Maße, und der Bodendruck steigt bei der Abwärtsbewegung
von 2000 kg auf nur 2240 bzw. 2150 kg bei 20 bzw. 50 km/Std. Fahrgeschwindigkeit, gegenüber 7600 bzw. 7300 kg beim Vollgummireifen. Die
L u f t b e r e i f u n g ist deshalb in sehr hohem Maße berufen, die Wege-
abnutzung zu vermindern. In allen Erwägungen und Berechnungen über die
Wirtschaftlichkeit des Kraftverkehrs müssen Fahrzeug und Fahrbahn zusammengefaßt werden, um Fortschritte und Ziele nach volkswirtschaftlichen
Gesichtspunkten richtig zu leiten und zu fördern.

Einseitige Wirtschaftlichkeitsrechnungen für das Fahrzeug oder die Wegeunterhaltung haben nur internen Wert für den Kreis des Fahrzeughalters oder des Wegeunterhaltungspflichtigen. Die Ersparnismaßnahmen des einen bringen oft Mehrausgaben für den anderen, der fehlende Kontakt zwischen beiden bringt dem Ganzen großen Schaden. Der „Berührungspunkt" zwischen Rad und Fahrbahn ist der gemeinsame Angelpunkt für den Fortschritt im Fahrzeug- und Wegebau, für die Entwicklungsmöglichkeiten des Kraftverkehrs.

Wie ein Vergleich der Bilder 36 und 37 zeigt, ist die F a h r g e s c h w i n d i g k e i t o h n e E i n f l u ß auf die Fahrbahndrücke und damit auf die Wegebeanspruchung. Sowohl bei Vollgummireifen als auch bei Luftreifen haben die Bodendrücke des über ein Hindernis rollenden Rades für alle Fahrgeschwindigkeiten nahezu gleiche Größe und gleichen Verlauf. Bei Vollgummireifen zum Beispiel tritt ein größter Bodendruck von 7600 kg bei 20 km/Std. und von 7300 kg bei 50 km/Std. Fahrgeschwindigkeit auf. Hiermit decken sich auch die bei anderen Fahrgeschwindigkeiten gemessenen Werte, auf deren Wiedergabe wegen der Übereinstimmung verzichtet werden konnte. D i e G e s c h w i n d i g k e i t s b e s c h r ä n k u n g i s t d a h e r k e i n w i r k s a m e s M i t t e l z u r S c h o n u n g d e r W e g e. Sie mildert nur die Straßenbeanspruchung in der Kurve und beim Bremsen. Bessere Fahrdisziplin der Fahrer, schleuderfreies Fahren, rechtzeitige Verminderung der Fahrgeschwindigkeit und Vermeiden scharfen Bremsens sind aber weit wirkungsvoller als Geschwindigkeitsbeschränkungen. Die gewonnenen Erkenntnisse entziehen aber der in Kreisen der Wagenunterhaltungspflichtigen vertretenen Auffassung den Boden, daß das Produkt aus Fahrgeschwindigkeit und Fahrzeuggewicht in der Form $\frac{mv^2}{2}$, also die lebendige Kraft des Fahrzeuges ein Maßstab für die Wegebeanspruchung sei.

Vergleicht man in den Bildern 36 und 37 die Bahndrücke bei Vollgummireifen und Luftreifen miteinander, so ergibt sich, daß vom Standpunkt der Wegeunterhaltung um s o h ö h e r e A c h s d r ü c k e z u l ä s s i g s i n d, j e h o c h w e r t i g e r d i e F e d e r u n g s w i r k u n g d e r B e r e i f u n g i s t. Das gilt allgemein und selbst innerhalb einer Reifenart, z. B. für Vollgummireifen. Diese haben bei verschiedener Profilstärke, Bauart und Gummiqualität verschiedene Federungseigenschaften, welche einerseits bis nahe an die Eisenbereifung sinken und anderseits sich derjenigen der Luftbereifung nähern.

Die nachgewiesenen außergewöhnlichen Vorteile, welche Riesenluftreifen gegenüber Vollgummireifen betriebs- und fahrtechnisch bringen, zwingen zu größter Beachtung dieser Reifenart. Diesen Vorteilen stehen zur Zeit noch Nachteile gegenüber, welche die Einführung der Riesenluftreifen erschweren. Vor allem sind die Anschaffungskosten sehr hoch, der große Mehrpreis gegenüber Vollgummireifen entscheidet oft ausschließlich

die Frage der Bereifungsart ohne Rücksicht auf die gegenüber dem An-
schaffungspreis weniger in die Augen springenden, aber sehr großen und
mannigfaltigen Vorteile. Über die Lebensdauer der Riesenluftreifen liegen
bereits einige günstige Erfahrungen vor. Die Firma Daag-Ratingen hat vier
Schnellomnibusse mit Riesenluftreifen für die holländische Omnibuslinie Hil-
versum und Umgegend im Frühjahr dieses Jahres geliefert und beobachtet in
diesem Betrieb die praktischen Ergebnisse. Bisher laufen die dort verwende-
ten Continental-Riesenluftreifen 22 000 km und die Goodyear-Riesenluftreifen
35 000 km, ohne daß die Bereifungen voll abgefahren sind. Bei der Beur-
teilung der Anschaffungskosten muß diese lange Lebensdauer der Reifen zugleich mit den geringeren Betriebsverlusten mit berücksichtigt werden, um
ein richtiges Bild über die Gesamtwirtschaftlichkeit des mit Riesenluftreifen
bereiften Schnellastwagens im Vergleich zum normalen Lastwagen zu be-
kommen. Ein weiterer Einwand gegen die Riesenluftreifen ist die Wartung
und mitzuführende Reifenreserve. Vollgummireifen bedürfen keiner Wartung.
Der Betrieb bleibt frei von jeder „Reifenplage". Die Riesenluftreifen müssen
aber laufend auf vorgeschriebener Luftspannung gehalten und bei Beschädi-
gungen, welche den Schlauch treffen, ausgewechselt oder ausgebessert werden. Diese Nachteile sind aber geringfügig gegenüber den außerordentlichen
Vorteilen, durch deren weitgehende Ausnutzung der Schnelltransport sich
nur verwirklichen läßt.

Versuchsfahrt.

Unmittelbar nach Abschluß der Laboratoriumserprobung ist unter Auf-
sicht und Teilnahme von Angehörigen der Versuchsanstalt für Kraftfahrzeuge und unter Mitwirkung von Studierenden der Technischen Hochschule Charlottenburg eine Versuchsfahrt mit dem vollbeladenen Schnellastwagen ausgeführt worden. Auf dieser Fahrt wurden alle wesentlichen Betriebswerte, Fahrgeschwindigkeit, Brennstoffverbrauch, ferner die Lauf-
eigenschaften, Durchzug- und Bremsfähigkeit, Steigungsvermögen usw.
gemessen bzw. aufgezeichnet.

Das Streckendiagramm Bild 38 gibt über den ersten Teil der Versuchsfahrt Aufschluß. Die erste Strecke Berlin—Dessau wurde mit Luftreifen
gefahren. Auf der Automobilstraße Berlin (Avus) betrugen die Fahrgeschwindigkeit 63 km Std. (Drehzahlregulator war ausgeschaltet), auf den
öffentlichen Verkehrsstraßen außerhalb der Ortschaften 40—50 km/Std. Die
d u r c h s c h n i t t l i c h e F a h r g e s c h w i n d i g k e i t w a r 42 k m / S t d.,
d e r B e n z o l v e r b r a u c h n u r 18,3 L i t e r / 100 k m. Bei den Berg-
prüfungen im Harz betrug der Benzolverbrauch durchschnittlich 30 Liter
bei 100 km.

Nach Auswechseln der Riesenluftreifen gegen Vollgummireifen liegen
die meistgefahrenen Geschwindigkeiten zwischen 25 und 40 km/Std., die

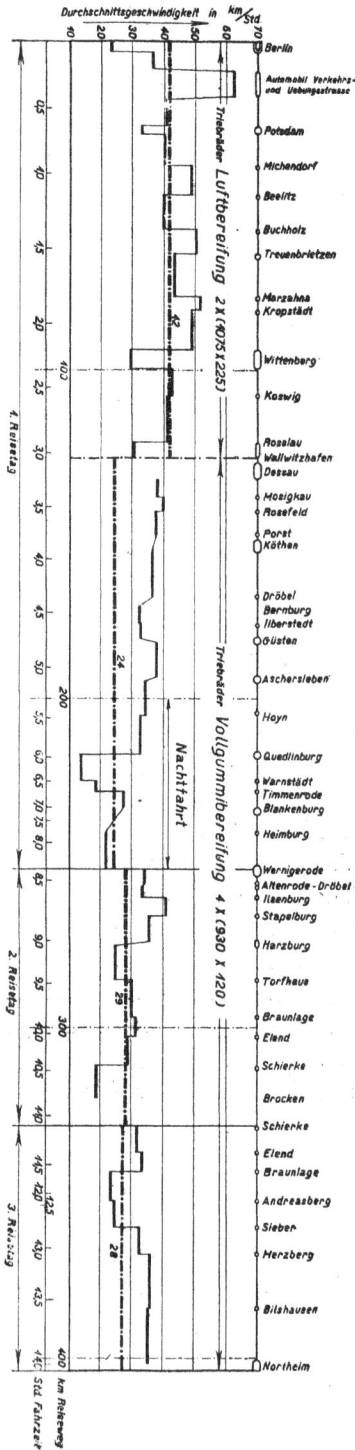

Bild 38.

Streckendiagramm der Versuchsfahrt Berlin—Harz mit dem 2-t-Daag-Schnellast-wagen.

Durchschnittsgeschwindigkeiten der einzelnen Teilstrecken sind 24 km/Std. (teilweise Nachtfahrt), 29 und 28 km/Std. Die Strecken im O b e r h a r z sind trotz der vielen Bergfahrten (Harzburg—Torfhaus, Schierke—Brocken, Andreasberg usw.) mit 28 — 29 k m / S t d. D u r c h s c h n i t t s - g e s c h w i n d i g k e i t gefahren worden und bestätigen die in der Labora- toriumserprobung zahlenmäßig nachgewiesenen hohen Verkehrsleistungen des Daag-Schnellastwagens.

Die Steilstrecke in A n d r e a s b e r g mit 11 bis 18 % Steigung wurde von dem vollbeladenen Wagen mit dem 3. und im oberen steilsten Teil mit dem 2. Schaltgang auf nasser Straße, also unter erschwerten Bedingungen, wiederholt gefahren, die Talfahrt Andreasberg mit der Motorbremse ohne Zuhilfenahme der Backenbremse ausgeführt. Steigungen von 5% waren in Übereinstimmung mit den Ergebnissen der Laboratoriumserprobung (Bild 21) noch mit dem direkten Gang befahrbar.

Bild 39.

Auffahrt auf den Brocken i. Harz im Schnee.

Bei der Fahrt auf der Brockenstraße wurde die Schneegrenze passiert (Bild 39) und dabei der Wagen den stärksten Beanspruchungen ohne An- stände ausgesetzt.

Bild 40.

Reifenwechsel (Vollgummi gegen Luftreifen) auf der Versuchsfahrt Berlin—Harz—Rheinland.

Gesamtergebnis.

Die Erprobung des 2-t-Daag-Schnellastwagens in der Versuchsanstalt für Kraftfahrzeuge an der Technischen Hochschule zu Berlin und auf der an die Laboratoriumserprobung angeschlossenen Versuchsfahrt Berlin—Harz—Northeim—Rheinland hat zusammenfassend ergeben:

Der Daag-Schnellastwagen besitzt in hervorragendem Maße alle Eigenschaften eines für höchste Leistungen und wirtschaftlichen Betrieb bestimmten Transportmittels. Die Verkehrsleistungen sind gegenüber den Lastwagen gewöhnlicher Bauart sehr bedeutend gesteigert, die Transportkosten durch den geringen Brennstoffverbrauch des Wagens wesentlich vermindert. Auch fahrtechnisch hat der Daag-Wagen vorzügliche Eigenschaften, nämlich hohe Verkehrssicherheit, große Fahrstabilität und sehr gute Bremsfähigkeit, welche durch die Motorbremse unter weitgehender Schonung des Fahrzeuges und der Straßen erzeugt wird.

Die. kleinen Achs- und Radgewichte des Daagwagens und die gute Abfederung dieser Massen durch die Verwendung von Riesenluftreifen vermindern sehr wesentlich die dynamischen Kräfte an der Fahrbahn im ganzen Geschwindigkeitsbereich, also auch bei h o h e n Fahrgeschwindigkeiten. Die Straßen werden trotz der hohen Transportgeschwindigkeiten und großen beförderten Mengen nur mäßig beansprucht.

Der außerordentlich ruhige und erschütterungsfreie Lauf des Wagens mit Riesenluftreifen und die hohe Verkehrssicherheit kennzeichnen im Zusammenhang mit den übrigen hochwertigen Eigenschaften den Daag-Schnellastwagen als bedeutenden Fortschritt im Bau hochleistender Transportmittel, insbesondere für den Schnellverkehr.

Druck: A. Seydel & Cie. Aktiengesellschaft, Berlin SW 61

www.ingramcontent.com/pod-product-compliance
Lightning Source LLC
Chambersburg PA
CBHW081247190326
41458CB00016B/5953